Attends-nous la Terre

Abécé*terre*
pour penser les relations entre les vivants de la Planète

Éditions du Lac Corbeau

En couverture : © Louise Lefebvre : *Attends-nous la Terre*, 2006.
Technique mixte sur toile, 36 x 36;
collection privée.
Détails en pages 5, 19, 401, 405 et 412.

Conception graphique : Ghislain Bédard

Photos des papillons : Gaétan Renaud

Photo des pages 175 et 363 : iStockphoto, Ronen
Photo des pages 199 et 387 : iStockphoto, Maxim Kulemza

Sculptures : Reine Magnan

Distribution
Les éditions du Lac Corbeau
abcterre@yahoo.fr

ISBN 978-2-9807212-1-2

Dépôt légal - Bibliothèque et Archives nationales du Québec, 2007
Dépôt légal - Bibliothèque et Archives Canada, 2007

IMPRIMÉ AU CANADA EN SEPTEMBRE 2007

À tous les enfants de l'univers :

Ceux d'ici et d'aujourd'hui,
Ceux d'ailleurs et de demain,
Ceux qui rêvent l'impossible,
Ceux qui bâtissent le présent
À pleines mains et de tout cœur!

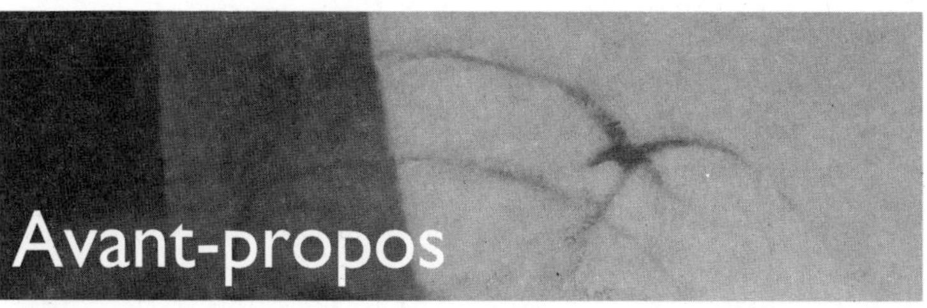

Avant-propos

Tout tremblant dans les pourpres d'un ciel d'hiver,
il est là, debout et fier.
Du vent s'emmêle à ses feuilles cuivrées.
Soudain, comme une supplique dans un bruissement :
« Parle pour nous! »
Son murmure me transperce le cœur
et l'appel atteint mes entrailles.
Quelques jours plus tard,
je le retrouve gisant en bordure de la route.
Un hêtre a été abattu!

Ce hêtre,
cet être est devenu symbole.
Symbole de millions d'enfants, de femmes,
d'hommes fauchés par les guerres,
symbole de populations décimées
par les catastrophes naturelles et la bêtise humaine,
de tant d'espèces d'oiseaux, d'insectes, de poissons et de fleurs
disparaissant jour après jour de la surface du globe.

Ce jour-là,
je me suis engagée dans ce projet d'écrire pour la Terre
un livre sous forme d'abécédaire
que j'offre comme une urgence, un cri,
un hymne à la beauté de la Vie.

Il m'a fallu des mots,
des mots légers comme une brume enlacée de soleil,
    une dérive de nuages roses dans le froid de septembre,
    un frimas en équilibre sur le roseau transi,
    une danse de poudrerie.

Il m'a fallu des mots,
des mots simples comme un *je t'aime*,
    une musique sacrée,
    un bisou d'enfant,
    des mains jointes sur le pain du jour.

Il m'a fallu des mots,
des mots lumineux comme des gerbes d'arcs-en-ciel,
    des yeux éclairés de sagesse,
    une orge blonde qui valse dans la plaine,
    une poignée d'étoiles filantes.

Il m'a fallu des mots,
des mots ardents comme la fougue d'un nouvel amour,
    la plainte du butor qui niche,
    la danse poudreuse de l'hiver,
    l'appel du bourgeon naissant.

Il m'a fallu des mots,
des mots silencieux comme l'aurore qui irise la rosée,
    un rayon de lune en ballade,
    un regard complice,
    un havre de paix.

Des mots légers, simples et lumineux!
Des mots ardents et silencieux
pour vous traduire ma passion de la Terre.

Une passion qui me tenaille, me soulève,
et incite à m'insurger.
Indignation intarissable.

Il m'a fallu une plume vive
et du papier.
Du papier souple et solide,
souple comme peau de biche,
solide comme aubier de chêne.

Une plume, du papier et des mots
pour entraîner votre pas dans un pèlerinage
comme un geste de mains tendues vers le conciliable.
Une plume, du papier et des mots
pour envelopper notre si fragile Planète
et nous convoquer à une authentique célébration de la Vie.

Il m'a fallu des mots du cœur
pour vous épeler simplement mes convictions
avec des accents de lumière et des lettres de silence.
Oui! plein de silence entre les lignes,
du silence comme pour tracer une plage douce sous vos pas,
et permettre une aire de répit
au milieu d'un cosmos déboussolé à en perdre le nord.
Du silence, cet espace nécessaire pour contacter la noblesse,
la nôtre et celle de la Création.
Du silence pour méditer les blessures
et les chemins de guérison,
pour l'enfant qui aime rire et jouer,
qui s'entête dans une espérance toujours possible
pour ces fils ou ces filles de l'Univers que nous sommes.

Le pèlerin

Pèlerin d'une nuit
solitaire
inquiet
odyssée au pays de la déroute
chemin vers nulle part
et des doutes
et des peurs.

Pèlerin d'un soir
intense
dense
errance entre ailleurs et maintenant
pérégrinations au pays du mystère
et des silences
et de l'absurde.

Pèlerin d'un jour
déterminé
alerte
vagabondage au pays de la fécondité
exploration des terres de feu
et de la sollicitude
et de l'infini

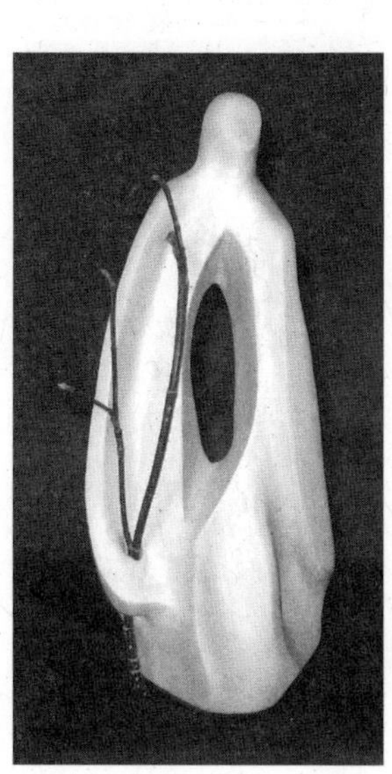

Reine Magnan, *En quête de lumière*, Argile.

Pèlerin d'aurore
altier
fier
voyage au pays de l'indicible
parcours d'humanité
périple dans l'inédit
halte dans l'essentiel.

Gaïa

La Terre mère souffre.
Notre Planète gémit,
suffoque et s'essouffle.
Gaïa se lamente et implore.
Tant de désolations et de menaces
planent sur elle.
La Terre nous parle,
ses messages sonnent l'alarme.

Gaïa
Divinité grecque personnifiant la Terre mère
et nourricière universelle.

Alertes

A

Accumulation des déchets nucléaires, domestiques, chimiques,

Allergies multiples

B

Bouclier antimissile

Bhopal et sa tragédie écologique

BPC

C

Consommation à outrance

Chômage

Couche d'ozone détériorée par les CFC

Cancers

Cartels des drogues

D

Désertification

Déforestation

Désinformation

Disparition d'espèces vivantes

Déréglementation

Détournement de fonds

Détournement de mineurs

Détournement d'avions

E

Ethnocides

Exode rural

Exclusions basées sur le sexe, la race, la religion

Endettement des pays en voie de développement

F

Famines
Fonte des glaciers arctiques
Forêts dévastées
Fondamentalisme religieux et politique

G

Génocides
Guerre nucléaire
Grippe aviaire
Gaspillage éhonté des richesses naturelles

H

Habitats d'animaux menacés
Haine raciale
Harcèlement sexuel

I

Inondation
Intégrisme
Iniquité
Impunité des crimes environnementaux et autres crimes

J

Jeunesse exploitée à des fins sexuelles
Jeune main-d'œuvre
Jeunes esclaves

K

Kamikazes de tous âges et de tous pays

L

Libéralisme

M

Migrations
Militarisation
Maladies de souches nouvelles
Mondialisation déshumanisante
Mégabarrages
Mutation des espèces

N

Nucléarisation

O

Ouragans violents
Obésité
Organismes génétiquement modifiés

P

Pillage des océans
Pornographie virtuelle
Pauvreté
Pénurie d'eau
Pollutions
Privatisation des services et des ressources

Q

Quotas imposés sur des productions essentielles à la vie

R

Racisme
Religions totalitaires
Ressources alimentaires en diminution
Réfugiés environnementaux

S

Suicide des jeunes et des personnes aînées
Sécheresse
SIDA
Suremballage des produits
Surexploitation des terres agricoles

T

Tsunamis meurtriers
Terrorisme
Trafic de fillettes et de femmes
Torture d'humains et d'animaux
Tchernobyl

U Urbanisation déréglementée

V Violences et viols envers la Terre
et les femmes
Virus du Nil
Vandalisme
Voracité des multinationales
Vache folle

W Western : type de conquête des terres
toujours d'actualité!

X Xénophobie

Y Yo-yo : manière dont on joue avec le sacré,
le précieux de la vie sous toutes ses
formes.

Z Zones de libre échange à grandeur
planétaire
Zoophobie
Zapping!

Des peuples entendent les cris de Gaïa
sur l'ensemble de ses terres,
à la grandeur de son domaine.

Des femmes, des enfants, des hommes se lèvent,
réparent, ajustent, innovent
s'emploient à sa guérison
et à la nôtre.

Alternatives

A

Agriculture soutenue par la communauté
Altermondialisation
Artistes pour la paix
Alimentation biologique et équitable
Amour de la terre

B

Bien commun repensé
Bénévolat
Bonheur simple

C

Commerce équitable
Créativité
Construction écologique
Compost

D

Développement durable
Démocratisation de l'eau

E

Écospiritualité
Énergie éolienne, propre et solaire
Émerveillement
Écohameaux

F

Féminisme
Fantaisie

G

Gestion écologique de la végétation
Groupes communautaires et écologiques

H

Humanité
Humour
Harmonie

I

Intergénérationnel
Inclusion
Indignation
Information alternative
Implication de la société civile
Institutions Brundtland

J

Jardinage écologique
Jardins communautaires

K

Kyoto : protocole signé par plus de 50 pays

L

Liberté d'expression
Législation en faveur de la protection des consommateurs

M

Mondialisation de la solidarité
Médecines alternatives
Mutualité

N

Non-violence active
Nutrition plus naturelle

O

Organisation citoyenne

P

Pacifisme
Plantation d'arbres
Produits écologiques pour l'entretien domestique
Politique de l'eau
Protection de l'environnement

Q

Qualité de vie
Quête de sens à la vie

R

Réduction
Récupération des déchets
Réutilisation des produits
Responsabilité sociale des entreprises

S

Simplicité volontaire organisée
Sens du sacré
Spiritualité de la Création

T

Transport en commun de plus en plus développé

U

Urbanité

V

Vision globale pour l'action locale
Véhicule hybride
Végétarisme

W

Wow, il y a de l'espoir!

X

Xénophilie

Y

Youpi!

Z

Zone de liberté
Zéro violence
Zéro déchet
Zoothérapie

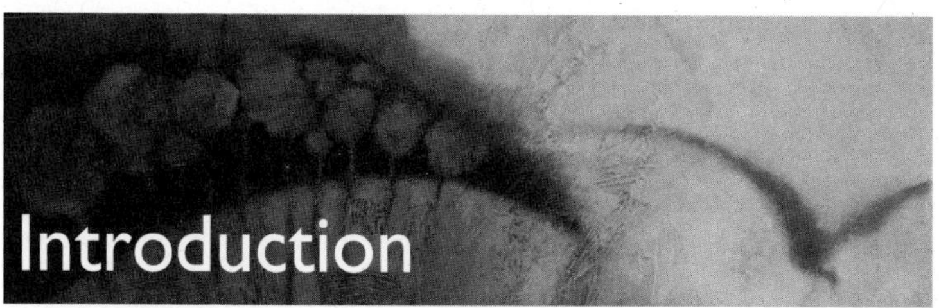

Introduction

Une multitude de scientifiques, de sociologues ou d'autres chercheurs pourraient être cités pour apporter des preuves de l'un ou l'autre des changements qui affectent les populations et les écosystèmes à l'échelle planétaire.

Une chose est certaine : pour une première fois dans l'histoire, les humains sont en train de démolir leur propre maison, d'hypothéquer leur progéniture, de contaminer leur nourriture et leurs sources d'eau.

Les pages qui suivent posent les piliers d'une maison à construire et assoient les fondements d'une ère nouvelle à amorcer sur cette Terre d'accueil.

Je refuse de laisser la situation de la Maison-Terre uniquement entre les mains des savants, des spéculateurs ou encore des multinationales en mal de pouvoir et de profits.

Je n'ai pas d'emprise sur les résultats à long terme de toutes les actions entreprises au niveau mondial, mais je sais que je veux être de ceux et celles qui croient que l'on peut et que l'on doit entreprendre quelque chose aujourd'hui afin que demain soit.

Je crois que notre engagement, le vôtre comme le mien, aura une influence positive et produira un effet d'entraînement incontournable.

Mon intention profonde est de redonner ses lettres de noblesse à une Planète abîmée par une humanité pourtant convoquée à la convivialité.

Attends-nous la Terre vous propose donc

- Un carnet de route qui facilite la recherche d'un mode de vie éthique pour notre époque;
- Une réflexion susceptible de donner du sens à la protection de l'environnement;
- Des rituels, des options et des pistes pour habiter la Terre d'une manière spirituelle;
- Des témoins engagés pour la défense du Bien commun.

> Au lieu de maudire l'obscurité, allume une bougie.
> *Proverbe africain*

Abécéterre

pour penser les relations entre les vivants de la Planète

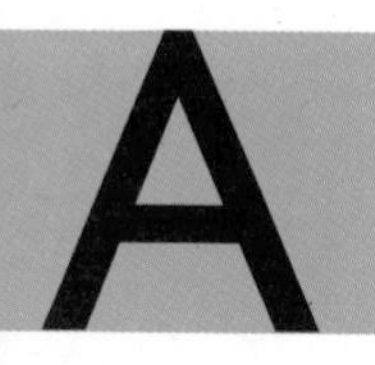

Mots pour penser **la planète**

Au nom de la terre

Au nom de la Terre
de sa beauté
de sa fragilité
de son unicité

Au nom des enfants de l'Univers
d'ici et d'ailleurs
de maintenant et de demain

Au nom des arbres
qui pleurent leurs fruits avortés
au nom des sols
en deuil de leurs récoltes trafiquées
au nom des ours polaires
et des monarques aux habitats perturbés

au nom des fiers mélèzes d'automne
étalant leurs bras chargés d'ambre
au nom des sentinelles de la santé des étangs :
les grenouilles et les salamandres
au nom de toutes les veines
et du sang de la Terre
du Lac Corbeau au Lac Saint-Pierre
du fleuve Saint-Laurent
et des Îles-de-la-Madeleine

À vous, dont les entrailles sont remuées
devant les blessures de la Création
à vous, dont le cœur est envahi
par une espérance inébranlable
à vous, jeunes et moins jeunes, qui honorez la Vie

à vous qui croyez que les décisions responsables
d'aujourd'hui sont garantes de l'avenir
à vous, qui choisissez d'apposer vos initiales
au chef-d'œuvre planétaire
à vous qui croyez à sa restauration

merci de joindre votre voix à la mienne
pour demander grâce pour la Terre.

Allègement

Le chemin vers une existence de plus en plus harmonieuse avec l'environnement passe nécessairement par le délestage de ce qui encombre notre marche.

Élaguer sa vie juste parce que l'essentiel s'embête dans l'inutile!

Alléger sa demeure afin de mieux redéfinir ce qui est essentiel et ce qui est accessoire.

Voilà un filon à explorer afin de simplifier sa vie et d'afficher des valeurs essentielles au bonheur.

Faire l'inventaire de tous les biens accumulés au fil des ans.

Repérer les choses encombrantes :

> Un objet inutilisé depuis longtemps
> Un vêtement que vous ne portez plus
> Un livre, un meuble, un bibelot…

Pendant neuf jours, jour après jour, déposer dans une boîte une chose dont vous voulez vous départir pour alléger votre vie.

Honorer la vie devant toute cette abondance.

Remercier ces biens pour tous les services rendus.

Offrir ces trésors à une « ressourcerie » ou encore à une personne qui saura en tirer profit.

Savourer l'agréable sensation de voyager et de vivre allègrement.

Altérité

L'art de se soucier des autres.
La préoccupation de son entourage.
Le souci de ce qui concerne l'autre.

Chaque être humain laisse des traces de son passage sur son coin de terre.

Pourraient-elles devenir une empreinte de noblesse?

Je vous inviterais à tracer votre autoportrait comme citoyen ou citoyenne de ce monde, afin de vérifier si votre manière de vivre est viable et prometteuse pour l'avenir.

Dresser la liste des habitudes ou des choix écologiques déjà installés dans votre vie.

Apprécier votre contribution pour entretenir une planète en santé.

Noter s'il s'agit de gestes individuels ou collectifs, à court terme ou à long terme.

Vérifier si votre engagement répare des dégâts, s'attaque aux conséquences ou s'insère dans une approche écosystémique.

Approche écosystémique
Démarche globale qui vise à harmoniser tous les niveaux de la vie en société en tenant compte de l'environnement.

Exemples d'attitudes écologiques :

- Réduire la vitesse au volant afin d'économiser le pétrole;
- Questionner l'usage du climatiseur par souci de la qualité de l'air;
- Renoncer au démarreur à distance;
- Éviter de faire tourner le moteur au ralenti;
- Réduire la quantité de papier;
- Privilégier le papier fabriqué à partir de fibres recyclées;
- Recueillir l'eau de pluie pour laver la voiture et arroser les plantes, le jardin;
- Conserver un pichet d'eau au réfrigérateur afin de ne pas laisser couler l'eau du robinet;
- Recycler : des meubles, des outils, des vêtements;
- Militer dans une coalition nationale ou un groupe environnemental de votre localité;
- Soutenir des mouvements internationaux comme Greenpeace;
- Appuyer l'adoption de loi pour protéger l'eau en lien avec Eau Secours!;
- S'engager dans un comité de citoyens pour préserver un lac ou une rivière.

Bref, faire le tour de tous vos engagements envers la planète.

Amour

Méditation sur l'Amour

Amour, juste par amour!
amour du précieux de la vie
amour de soi, des autres
amour de la communauté des vivants

Juste par amour
juste par amour de la simplicité qui s'amuse
dans le désencombrement.
juste par amour du vrai, du beau et du noble
seule alternative à la dégénérescence de la Planète
juste par amour qui seul donne du sens à nos vies
juste par amour : le seul antidote au terrorisme
envers les bêtes, les humains et les végétaux.

Exercice
pour s'entraîner à aimer la Planète

Manifester son amour aux vivants qui nous entourent en leur déclarant le plus souvent possible notre amour et notre reconnaissance pour leur contribution à votre existence.

Je t'aime, l'eau!
Je t'aime, l'air!
Je t'aime, l'humus!
Je vous aime, les arbres!
Je vous aime, les humains!

Terre à **terre**

Agriculture soutenue par la communauté (ASC)

L'agriculture soutenue par la communauté est une initiative d'ÉQUITERRE, un organisme sans but lucratif ayant pour mission de contribuer à bâtir un mouvement citoyen en mettant de l'avant des choix collectifs et individuels à la fois écologiques et socialement équitables.

L'ASC encourage la production biologique et locale, favorise la santé de la Terre et celle des humains.

Elle facilite le jumelage entre des gens qui veulent manger bio et des fermes dont les pratiques agricoles s'inscrivent dans une vision holistique de l'agriculture.

Le commerce équitable vise à améliorer les conditions de vie et de travail des paysans et des petits producteurs dans les pays en voie de développement.

En 1997, il y avait deux points de vente
pour le café équitable au Québec.
Il y en a aujourd'hui 2000,
et les ventes sont en hausse de 55 %.
La Presse, 1er mai 2006

Produits équitables actuellement disponibles sur le marché

le thé, le riz, le café,
le chocolat, le coton.

Pour ne parler que du café,
le petit producteur touchera jusqu'à 17 % de revenu
alors qu'avec le café classique,
il ne recevra guère plus de 3 %.

www.equiterre.qc.ca

Alimentation biologique

Selon Équiterre, plusieurs raisons peuvent nous inciter à choisir une alimentation biologique et opter pour l'achat local.

L'agriculture bio est bénéfique pour la biodiversité, car elle permet aux plantes sauvages et aux insectes de cohabiter dans les potagers. Elle se préoccupe de la gestion écologique des sols et de l'eau.

L'agriculture biologique et locale est moins polluante, notamment parce que ses produits sont moins emballés et est donc moins énergivores que l'agriculture industrielle

Cette approche de l'agriculture est un précieux soutien à l'économie locale et régionale.

En agriculture biologique, les pesticides chimiques sont interdits, les produits sont souvent plus nutritifs et exempts d'organismes génétiquement modifiés (OGM). La viande bio ne contient pas d'antibiotiques ni d'hormones de croissance.

Certains aliments bio et locaux ont une qualité gustative supérieure aux aliments en provenance de l'agriculture industrielle.

Exercice

Voir comment ajuster progressivement votre mode d'alimentation en tenant compte des précédentes informations et de votre réalité.

Aloès

L'aloès est une plante médicinale qui peut remplacer très avantageusement plusieurs onguents et produits chimiques coûteux dans le soin des brûlures et des écorchures mineures.

De plus, l'aloès contribue efficacement à la purification de l'air ambiant de nos demeures

Terre à **célébrer**

Achat

Journée sans achat : le 26 novembre

En novembre chaque année, depuis 1992, des milliers de personnes dans plus de 65 pays répondent à l'appel lancé par l'Union des consommateurs et des associations pour contrer l'endettement des familles (ACEF).

L'objectif de l'événement est de ne faire aucun achat cette journée-là et de réfléchir sur ses habitudes de consommation en lien avec nos responsabilités citoyennes. C'est une initiative à saveur environnementale, car ce n'est plus un secret pour personne que de nombreux problèmes de pollution aient un lien avec la surconsommation, le transport, le suremballage, les déchets.

Il s'agit également d'une action en faveur de la juste répartition des richesses entre tous les habitants de la Planète. La voracité dans la course à la consommation repose de près ou de loin sur l'exploitation des populations affamées et l'endettement de plusieurs familles.

Pour participer à la Journée sans achat : www.adbusters.org. Ou encore www.consommateur.qc.ca/union/

Belle occasion pour tester notre degré de dépendance envers tout ce que la publicité déverse dans nos subconscients afin de créer de nouveaux besoins.

ANDRÉ, Claudine

En République démocratique du Congo, Claudine a créé un sanctuaire pour les bonobos, une espèce de grands singes menacée. Elle travaille également à la mise en route d'un centre de formation afin de rappeler aux fonctionnaires les lois internationales en matière d'interdépendance des espèces vivantes.

ARENGO, Felicity

Membre du programme scientifique mondial des femmes américaines, elle est adjointe de la Société de conservation de la faune sauvage au Mexique. Elle s'intéresse notamment à la protection des flamants roses, un maillon important dans la chaîne alimentaire.

Mots tendres pour **la terre**

Aimer vivre

Vivre sa vie comme une icône de sauvage beauté
tressaillir devant l'aube et sa nouveauté
agrémenter ses jours
et ses liens de brins d'éternité
abandonner ses peurs
et ses biens en toute simplicité
rythmer ses nuits sur des accords
de pardon et de vérité.

Vivre sa vie
comme un mystère de lumière tamisée
caresser les êtres et les choses
d'un regard de bonté
dessiner des étoiles...
à en bouleverser la tempête endiablée
gémir la détresse d'une terre assoiffée
refuser de se taire avec la multitude oubliée.

Vivre sa vie comme un hymne de haute densité
renoncer aux pacotilles et choisir l'intériorité
avancer... la passion au cœur
et la danse aux pieds
renaître à même les cendres des passages obligés
enfoncer son être entier
dans LA SOURCE SACRÉE.

AIMER...VIVRE...

Il y a à la base de tout acte d'initiative et de création,
une vérité élémentaire dont l'ignorance tue
quantité d'idées et de projets magnifiques :
dès l'instant où l'on s'engage totalement,
la Providence bouge aussi.
Toutes sortes de choses se produisent
qui viennent à l'aide de celui qui s'est mis sur sa voie,
alors qu'elles ne se seraient jamais révélées autrement.
Toute une série d'événements découlant de cette décision
se mettent au service de l'individu,
aplanissant les incidents imprévus,
favorisant des rencontres et l'assistance matérielle
que l'on n'aurait jamais osé rêver d'obtenir.

Gœthe

Altruisme

Il est vrai que peu d'entre nous seront témoin de la réhabilitation de notre habitat.

Il se pourrait également que nous ne récoltions pas ce que nous sèmerons!

Qu'importe!

Notre réponse est à épeler patiemment
lettre par lettre
mot à mot
un geste à la fois, avec énergie et créativité.

Cette section se veut un espace
pour célébrer les actions entreprises,
pour préciser vos objectifs afin d'ajuster
progressivement mode de vie et situation financière.

Devenir écologique est nécessairement économique à plus ou moins long terme.

Louise Lefebvre

« En vert » et *contre tout*

Pour la lettre **A**...

1

Notez les engagements déjà réalisés.

2

Quels objectifs voulez-vous atteindre dans...

la prochaine semaine?

le prochain mois?

la prochaine année?

Abécéterre

pour penser les relations entre les vivants de la Planète

B

Bonheur
Bien commun
Bicarbonate de soude
Brundtland, Gro Harlem
Bono
Bouffée de joie
Biodiversité

Mots pour penser **la planète**

Bonheur

Au nom du bonheur!
Du bonheur d'assister à la danse blonde
des tiges de blés enamourées
des surprenantes étreintes du vent.
Du bonheur de voir monter l'orage
à dos de nuages fougueux
et transformer la lourdeur du temps
en instants de quiétude.
Du bonheur de cueillir deux notes de musique
blotties entre les poils du pinceau
sur une toile naissante.
Bonheur du temps des choses
et du temps de l'amitié.
Bonheur du désencombrement
et joie de l'émerveillement.

Bonheur sensuel des mains nues dans l'humus
et d'une danse sous la pluie.
Bonheur de renouveler le quotidien
à coup d'intuitions et de fantaisies.
Bonheur de réapprendre la joie de rire,
de courir, de chanter et d'aimer.
Bonheur de modeler la neige en bonhommes
ou d'y sculpter des anges.

Bonheur de vivre en état de gratitude.
Bonheur de réserver une large part à l'essentiel.

Bonheur de vivre sa vie
comme un hommage à la beauté.
Bonheur de renouer avec le Grand Mystère.
Bonheur et honneur d'appartenir
à la communauté universelle!
Bonheur d'être!

MÉDITATION SUR LE BONHEUR

Contempler, à ma fenêtre, des fougères
ciselées par le givre.
Créer un chandail en laine rouge framboise
pendant que l'hiver s'installe.
Concocter des biscuits aux canneberges locales
pour une amie malade.
Participer à un groupe de créativité
Patiner seule sur un lac
en compagnie de la pleine lune.
Célébrer un rituel de naissance.
Me laisser apprivoiser par les fantaisies d'un chat.
Retisser des liens brisés par souci d'authenticité.

Assister à une leçon de vol
chez une famille de butor d'Amérique.
Sculpter les reflets de mon âme
dans l'argile offerte.
Être du mouvement de solidarité
envers les victimes des tsunamis d'Asie.

Et si le bonheur pouvait être
économique et écologique!

Et s'il ne coûtait rien ou si peu
et pouvait être compatible
avec notre environnement!
Et si le bonheur était un état d'âme
dans lequel toute notre personne
donne libre cours à son cœur!

Et si tous nos brins de bonheur confectionnaient
un tissu social à saveur d'humanité et d'éternité!
Et si toutes ces petites joies étaient des fils rouges
qui permettent de réhumaniser la Terre!
Et si le bonheur était une manière
d'influencer le climat de morosité et d'hostilité!

Êtes-vous heureux et heureuses?
Comment se porte l'amour,
l'amitié dans votre entourage?
Y a-t-il un chat, un oiseau ou un coin de jardin
dont vous prenez soin?
Comment est l'arbre que vous avez adopté?
À quand remonte votre dernière séance de fou rire?

Revoir et ajuster ses relations
avec le monde végétal, minéral, animal
est une source intarissable de bonheur,
un accès à la Beauté,
une voie spirituelle inouïe.

Exercice

Faire la liste de vos gros et de vos petits bonheurs.

Bien commun

Il était une fois, il y a quatorze milliards d'années
à coups de big bang, de chaos
de multiples bouleversements et d'accalmies apparentes
une toute petite planète qui s'éveillait à la vie.

Foisonnement de vitalité, abondance de couleurs
spectaculaire effervescence!
Puissance cosmique :
la vie en forme d'atomes, d'oxygène et de cellules,
en forme de galaxies, de soleils et d'énergies,
la vie en forme de mystère et de lumière.

Puis du temps et de l'évolution à l'infini
à même les glaces et l'incandescence
un long enchaînement de vies et de morts
L'eau, l'air et l'humus, et la chaleur :
matrice unique d'une multitude de vivants
émergence de la vie dans les eaux et les sols
La vie en forme de fougère et d'étoile-d'argent,
de bernache, de fourmi, de mélèze et de topinambour
La vie en forme de femme, d'homme et d'enfant
et tout cela dans l'harmonie et l'équilibre.
De toute beauté!
Naissance du Bien commun dans ce gigantesque univers.

En cet aujourd'hui du temps et de l'Histoire,
en notre maison commune
il est une catégorie de vivants
qui se prétend propriétaire du trésor collectif.
Des êtres humains s'approprient la vie
raflent une large part du festin étalé sur la table universelle

des humains qui prétendent détenir
des droits sur les autres espèces
des individus et des compagnies qui modifient les organismes
les trafiquent, les brevettent.
qui s'emparent des sources, embouteillent et vendent l'eau
qui piratent des plantes ou des cellules
et pillent les forêts ou les océans

Indignation!
Non! Non et non!
Un des membres d'une famille
logeant sous un même toit
ne peut arracher une fenêtre, une tuile du toit
ou encore les pierres de sa fondation
pour ses intérêts personnels
au détriment de la collectivité entière.
NON! NON et NON
La vie est sacrée!
La vie sous toutes ses formes est un patrimoine collectif.
Le Bien commun est l'ensemble des éléments mis à la
disposition de chacun des membres d'une communauté en
réponse à ses besoins essentiels.

Le Bien commun, c'est la vie,
et s'en emparer est un crime contre l'Humanité

C'est la beauté qui sauvera le monde.
Dostoïevski

Terre à **terre**

Bicarbonate de soude

vinaigre blanc et sel

Lessive
Ajoutez 1 tasse de vinaigre à votre eau de lessive pour nettoyer, assouplir et désinfecter.

Vitres et miroirs
Versez 1/4 de tasse de vinaigre et 1 litre d'eau dans une bouteille à vaporiser.

Planchers
Ajoutez 1 tasse de vinaigre dans un seau d'eau.

Four, éviers, lavabos et cuves de toilette
Un mélange de bicarbonate de soude et du vinaigre constitue un excellent abrasif pour frotter les taches.

Désodorisant
Laissez mijoter à découvert, dans un chaudron rempli d'eau, 1/4 de tasse de vinaigre pour vous débarrasser d'odeurs déplaisantes. On peut y ajouter quelques feuilles de lavande ou quelques gouttes de son essence.

Vaporisateur d'air
Mélangez 1 c. à thé de bicarbonate de soude, 1 c. à thé de vinaigre et 2 tasses d'eau. Quand l'écume a disparu, brassez et pulvérisez.

Tuiles de la douche
Un mélange moitié-moitié, eau et vinaigre, enlève les taches de savon.
Argenterie, chrome, cuivre, étain, aluminium
Les métaux polis avec du vinaigre reluisent de plus belle.

Époussetage de boiserie
Humectez votre linge d'une solution de vinaigre et d'huile d'olive (moitié-moitié). De cette façon, la poussière collera à votre linge ; en même temps, vous nourrirez le bois et lorsque le vinaigre sera évaporé, il aura repris sa couleur riche et une agréable odeur s'en dégagera.

Lunettes
Ajoutez quelques gouttes de vinaigre à un peu d'eau.

Exercices

pour s'entraîner à réduire les produits menaçants pour l'environnement :

- Faire l'inventaire de tous les produits d'entretien ménager de votre domicile.

- Décider d'en remplacer quelques-uns dans les semaines ou mois à venir.

BRUNDTLAND, Gro Harlem

Madame Brundtland est l'auteur d'un célèbre rapport qui porte sur le développement durable. Publié en 1987, le rapport préconise différentes mesures urgentes à mettre en œuvre dans les prochaines décennies : question de survie pour l'humanité.
Sa pensée a notamment donné naissance au réseau des Ecoles Vertes Brundtland qui adopte les valeurs de l'écologie, du pacifisme et de la solidarité pour un monde meilleur.
On compte plus de 850 écoles Brundtland au Québec.

BONO

Un chanteur du groupe irlandais U2. Il se fait porte-parole auprès d'instances gouvernementales en faveur de l'abolition de la pauvreté et de l'élimination des dettes des pays en voie de développement.

Reverdir son univers!

Comment, à l'instar de la vision Brundtland, votre demeure et votre lieu de travail peuvent-ils, devenir des INSTITUTIONS VERTES?

Quel serait le premier pas à franchir pour transformer votre famille, votre cercle d'amis, votre maison et votre jardin, votre bureau, votre organisme aux valeurs préconisées par les Écoles vertes Brundtland?

Établissements verts Brundtland : www.csq.qc.net

Éléments de base de l'approche Brundtland.

L'écologie,
le pacifisme,
la solidarité,
la coopération internationale.

Nous devons être le changement
que nous voulons voir dans le monde.
Gandhi

Reine Magnan, *Guidance,* argile.

Mots tendres pour **la terre**

Bouffée de joie

Joie
Fille du bonheur
N'a pas d'âge
Beauté et tendresse l'engendrent

Sœur de la paix
N'a pas de limite
Générosité et gratitude l'enfantent

Amie de la douceur
N'a pas de prix
Se livre vibrante de gaieté

De la parenté du plaisir
Aux allures d'une fleur offerte
Se loge dans les brisures de l'âme

De la lignée de la quiétude
Gracile comme brin de soie
Esquisse clins d'œil et sourire

De la famille de la sérénité
Turlutte en présence des enfants
Courtise les sages et les simples
Raffole de surprises et de fêtes

Complice du présent à l'infini
Couleur lumière, elle enrubanne le temps
Imprime mille nuances au corps
Se love entre les rides et l'usure
Enfant de l'amour
Ravis, les ruisseaux murmurent ses hymnes
Attendris, les oiseaux récitent ses rimes
Ivre, le vent sifflote ses airs
Émue, la vie célèbre ses rythmes

Joie
Fille du bonheur
Sœur de la paix
Enfant de l'amour

Terre à **célébrer**

Biodiversité

Journée mondiale de la biodiversité : 22 mai

C'est l'occasion de rappeler l'indispensable préservation des écosystèmes et des ressources naturelles. L'Union mondiale pour la conservation de la nature, qui publie chaque année une mise à jour des espèces menacées, estime qu'au moins 16 000 espèces sont menacées d'extinction en ce début des années 2000.

Par ailleurs, le réchauffement climatique a entraîné la disparition de 30 % des récifs coralliens, déjà fortement touchés par la surpêche et la pollution, tandis que la diversité des espèces de poissons a diminué de 50 % dans les zones les plus durement touchées.

Chaque éphémère et chaque musaraigne
Chaque pissenlit et chaque crapaud
Chaque moineau et chaque ver de terre
Chaque variété de pomme de terre, de pâtisson ou de riz
Chaque marais, chaque libellule et chaque enfant
Chaque être vivant est un maillon irremplaçable
dans l'immense chaîne alimentaire.

Biodiversité
Diversité des espèces vivantes et
de leurs caractères génétiques.
Le Petit Larousse

La monoculture va à l'encontre de la biodiversité.
Exemple : l'unique culture du maïs à grande échelle
au niveau d'une région.

On demanda un jour à Confucius :
« Qu'est-ce qui vous surprend le plus chez les humains? »

Confucius a répondu :
« Ils perdent leur santé à faire de l'argent et
par la suite perdent tout leur argent à restituer leur santé.
En pensant anxieusement au futur, ils oublient le présent,
de sorte qu'ils ne vivent ni le présent ni le futur.
Finalement, ils vivent comme s'ils n'allaient jamais mourir et
ils meurent comme s'ils n'avaient jamais vécu... »

Cité dans l'agenda *Un Monde à Vie* 2005
www.mondeavie.com

« En vert » et contre tout

Pour la lettre **B**...

1 **Notez les engagements déjà réalisés.**

2 **Notez les changements opérés.**

3 **Quels sont vos nouveaux objectifs?**

Abécéterre

pour penser les relations entre les vivants de la Planète

Conscience cosmique
Créativité
Créer
Coopération
Compost
Communauté en émergence
Collet, Anne
Chebakova, Irina

Mots pour penser **la planète**

Conscience cosmique

Nous sommes la communauté de la planète bleue.

Abreuvés aux mêmes sources
animés par la même énergie solaire
portés par le même souffle
fixant le même horizon
nourris par la même générosité des sols
héritiers du même Patrimoine cosmique

Nous sommes la communauté de la Planète bleue.

Que nous soyons du « peuple debout
ou du peuple qui marche, qui nage ou qui vole »,
selon la conception amérindienne,
nous devons notre existence respective à l'air,
l'eau, le feu et la terre.
En interdépendance vitale, chaque espèce,
selon sa spécificité,
est un maillon irremplaçable du cycle de vie.

En cette période de l'Histoire, c'est la survie même
de l'espèce humaine qui est mise à rude épreuve,
et ce, par ses propres comportements suicidaires.

Notre défi est d'ajuster nos habitudes destructrices,
de revoir nos rapports entre les diverses espèces
qui peuplent l'univers,
d'adhérer ainsi à une tendance écologique révolutionnaire.

Notre défi est de renoncer à la consommation.
Renoncer à être la race qui s'empiffre, qui gaspille,
dilapide, accumule et entasse ses rebuts
jusqu'à saturation des dépotoirs, à la désertification
des terres ou à l'assèchement des rivières.

Notre défi est de nous comporter
comme des êtres de communion :
cohabiter avec les forêts, les animaux,
les poissons, l'atmosphère,
« notre sœur l'eau et notre frère le feu »
selon l'expression de François d'Assise.

Passer de la consommation à la communion,
tendre à la cohabitation équilibrée entre nous,
coopérer avec la Grande Sagesse Créatrice,
entraîner le pas de tous les partenaires de bonne volonté
dans une gracieuse danse cosmique!

Créativité

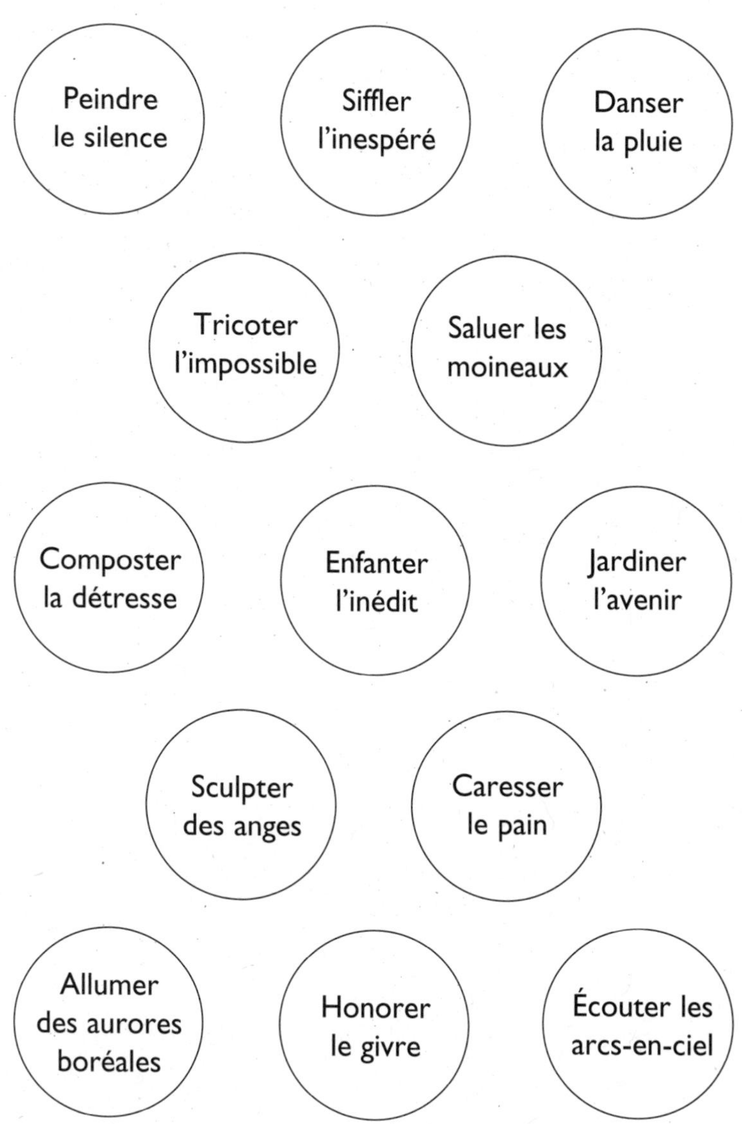
Peindre le silence
Siffler l'inespéré
Danser la pluie
Tricoter l'impossible
Saluer les moineaux
Composter la détresse
Enfanter l'inédit
Jardiner l'avenir
Sculpter des anges
Caresser le pain
Allumer des aurores boréales
Honorer le givre
Écouter les arcs-en-ciel

Créer

À mains nues et à bras ouverts
en coup de pouce ou en coup de cœur
avec vos pinceaux ou vos crayons
en cravate ou en salopette
Quelles traces laissez-vous dans cet aujourd'hui?
En tenue de ville ou de campagne
avec votre marteau ou vos aiguilles
qu'avez-vous créé de durable au fil des derniers jours?

Terre à **célébrer**

Coopération

Journée mondiale de la coopération : 5 juillet

La coopération est un antidote aux différentes violences et aux indifférences qui séparent les peuples.

Quel projet collectif de votre localité, de votre bureau, de votre école pourrait recevoir une coopération de votre part?

Terre à **terre**

Compost

Participer à la cueillette des matières compostables organisée par votre quartier ou votre localité. Si le service n'existe pas, faire des démarches pour sa mise en œuvre.

Vous informer sur le vermicompostage qui pourrait s'avérer une alternative en milieu urbain.

Faire son compost c'est faire sa part pour nourrir et guérir la terre. C'est une responsabilité sociale.

Tout en allégeant les sites d'enfouissement, votre geste contribue à une diminution de 40 % du poids de votre sac à déchets.

Le secret d'un compost de qualité

Le compostage repose sur le principe de la fermentation. Le compostage est plus efficace lorsque les morceaux de matière organique sont de petite taille. Vous devez donc brasser et mélanger les déchets organiques pour faciliter l'aération et éviter le pourrissement.

Humidifier
L'humidité est un point très important à surveiller. Trop d'humidité empêche l'aération, entraîne des odeurs désagréables, tandis que pas assez d'humidité bloque le

processus de fermentation. Le secret consiste à retourner régulièrement le compost. Le contenu du composteur doit donc être humide comme une éponge tordue.

Dans un bac commercial ou dans celui que vous avez conçu, déposer les matières organiques.

À composter

- restes de légumes et de fruits
- cendres, sciures et copeaux de bois.
- mouchoirs en papier et essuie-tout
- certains tissus en fibres naturelles
- fonds de pots de fleurs ou de jardinières
- marc de café et filtres de papier
- sachets de thé
- coquilles d'œufs
- coques de noix...
- cheveux, poils, ongles, plumes...
- feuilles saines
- fleurs fanées

À ne pas composter

- les plantes malades
- la viande
- le poisson
- les produits laitiers
- excréments d'animaux domestiques
- les « mauvaises herbes »

Utiliser le compost

Au bout de 6 à 8 mois, tout est transformé en humus riche et prêt à utiliser sur votre pelouse, dans le potager et le terreau de vos plantes.

www.univers-nature.com/activites/fabrication-compost

Méditation sur le compost

La force mystérieuse de la vie considère cette activité dans une dynamique de cycle par lequel rien ne se perd et devient un potentiel de nouveauté.

Elle s'empare de ces matériaux offerts, les recycle, les décompose et crée un nouvel humus nourricier.

Ainsi, grâce à la lumière, l'eau, l'aération, le mouvement et le temps, tout se transforme en vie.

Le Sagesse Créatrice agit de la même manière avec nos vies. Selon sa vision, tout est utile et tout est susceptible de renaître.
Tout ce qui nous est donné de vivre, nous fait devenir un peu plus nous-mêmes à chaque jour, à chaque événement, à chaque mort.

S'entraîner à la sagesse pour tirer partie de la leçon…même si, de prime abord, nous serions tentés de nous débarrasser des irritants qui nous contrarient.

La vie nous recycle et nous récupère.
La vie a le don de tout régénérer, de tout ressusciter.
Mystère de l'inespéré.
Mystère de la vie et de la mort.

Mots tendres pour **la terre**

Communauté en émergence

Depuis le creux de l'imprévisible rien
depuis le tréfonds du bruyant quotidien
à petites doses
une pâle lueur
s'incline et vacille
s'agite et s'entête
puis l'aube infiltre la nuit.
Émergence de l'espérance!

Depuis le ventre fécond de la terre
depuis la puissante armure de nos corps
à petits coups
une minuscule brèche
murmure et frissonne
secoue et s'étire
puis le souffle soulève la muraille.
Émergence de la liberté!

Depuis la paralysante peur
depuis l'inhumaine terreur
à petits sauts
un fragile espoir
tremble et trébuche
se dresse et lutte
puis la vie insuffle sa puissance.
Émergence de la guérison!

Depuis la page vierge
depuis les timides lignes
à petits traits
une indécise forme
se pose et suggère
dessine et se livre
puis les mots délivrent le message.
Émergence de la création!

Depuis l'indéchiffrable carrefour
depuis la folle escapade
à petits pas
une imprécise direction
erre et s'emmêle
serpente et entrecroise
puis la voie s'impose à la déroute.
Émergence du sens!

Depuis l'éprouvante froidure
depuis la décapante fracture
à petits bonds
un imperceptible désir
hésite et s'enflamme
enlace et illumine
puis la passion déploie ses ailes.
Émergence de l'amour!

Ce qui crée la communauté, c'est l'amour,
la compassion et la coopération.
David Suzuki

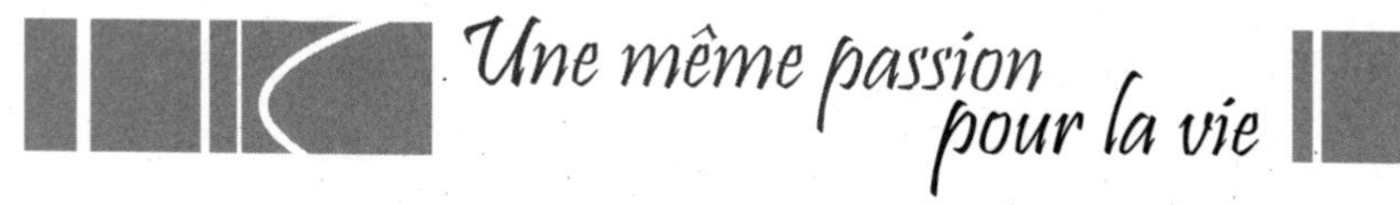

Une même passion pour la vie

COLLET, Anne

En France, Mme Collet défend depuis plus de vingt ans les océans et les cétacés. Elle dénonce l'effroyable gâchis causé par le ratissage des fonds marins. Éducation auprès des pêcheurs, des décideurs et des touristes, la biologiste utilise tous les moyens pour sensibiliser le public aux merveilles du monde marin et à sa fragilité.

CHEBAKOVA, Irina

En Russie, Mme Chebakova dirige un centre de conservation de la biodiversité. « Perdre une seule espèce casse une chaîne irréparable », dit-elle. Irina marche, et mobilise des milliers de marcheurs, pour sauver les parcs naturels. Elle veut propose l'idée d'écologie dans un pays en crise.

C • Attends-nous la Terre

« En vert » et *contre tout*

Pour la lettre **C**...

1

Notez les engagements déjà réalisés.

2

Quels objectifs voulez-vous atteindre dans...

la prochaine semaine?

le prochain mois?

la prochaine année?

Abécéterre

pour penser les relations
entre les vivants de la Planète

Durabilité
Désertification
David, Françoise
Desjardins, Richard
Développement et paix
Depuis des millénaires

Mots pour penser **la planète**

Durabilité

Un danger menace le devenir de la communauté planétaire.

Une dérive dans sa vision du développement l'entraîne loin de sa vraie nature.

Seules de courageuses décisions prises *aujourd'hui* peuvent assurer la viabilité de l'Humanité.

Si le développement signifie déforestation,
désertification,
désœuvrement ;
s'il ne sème que dépression
disgrâce,
il ne peut durer…
Seules déférence et douceur
tissent solidement nos interconnexions
pour un avenir viable.

Si la durabilité ne s'étend guère plus loin que l'immédiateté,
si elle ne signifie que détournement de fonds
dégradation des peuples et de leurs terres,
désenchantement
dépression,
elle ne développe rien ni personne.
Seules délicatesse et détermination
peuvent engendrer les enfants du siècle à venir.

> Croyez-vous encore qu'une croissance infinie soit possible sur une Planète où les ressources sont limitées?
> *Frédéric Beigbeder*

Exercice
pour s'entraîner aux décisions courageuses

Opter pour des habitudes qui contribuent à mieux répartir les biens de la nature, le savoir, les technologies, les terres et les profits.

Ajuster nos habitudes pour prévenir les conséquences néfastes sur notre environnement immédiat et lointain.

Vivre selon nos besoins afin que tout le monde puisse avoir le droit de satisfaire également ses besoins de base.

Réduire notre consommation dans tous les domaines et entrer dans le mouvement de la consommation responsable.

Renoncer au progrès illimité pour se mettre au service du Bien commun.

Terre à **célébrer**

Désertification

Journée mondiale de la désertification : 17 juin

Chaque année, les grands déserts envahissent des terres agricoles. Des millions de personnes dans le monde se voient alors forcer de quitter leur habitat, devenant ainsi des réfugiés environnementaux vivant dans la misère et l'errance. La déforestation est un des principaux facteurs qui explique le phénomène.

Au Canada, chaque année encore, des tonnes de terres arables sont charriées par les eaux de ruissellement ou, faute de haies pare-vent, sont emportées au gré des tempêtes, puis disparaissent.

Déforestation

La moitié des individus de la Planète touchés par la désertification habitent le Sahel.
À elle seule, l'Afrique compte plus d'un milliard d'hectares affectés par la désertification.
Québec Science, juin 2002

Si chaque famille canadienne plantait un arbre, on éliminerait jusqu'à 60 000 tonnes de CO_2, chaque année, ce qui aiderait à diminuer l'effet de serre.
Fondation québécoise en environnement

Comment peut-on avoir une croissance infinie
dans un monde fini?
Seules les cellules cancéreuses font cela;
et elles tuent.
David Suzuki

DAVID, Françoise

Une québécoise déterminée et ex-présidente de la Fédération des femmes du Québec qui a mis en œuvre la Marche des femmes. Mme David est cofondatrice du parti politique Québec solidaire. Ce parti progressiste, écologiste, altermondialiste et féministe porte le projet d'une société égalitaire et en santé écologique.

DESJARDINS, Richard

Richard Desjardins est chanteur et compositeur. Il est également l'auteur du film *L'erreur boréale* qui dénonce le saccage des forêts du Québec boréal. On le surnomme « l'homme qui sauvait des arbres » pour faire comme un clin d'œil au film de Frédéric Bach : *L'homme qui plantait des arbres*.

Terre à **terre**

Développement et paix

Développement et Paix est l'agence officielle de développement international de l'Église catholique du Canada et est membre de KAIROS, une organisation dédiée à la paix et à la justice.

En concertation avec différents partenaires et des organismes non gouvernementaux de la planète, Développement et Paix croit notamment que l'accès aux ressources est une clé pour réduire la pauvreté : diamants, eau, territoire, droit de pêche, pétrole, etc.

Pour contacter l'organisme Développement et Paix : www.devp.org

Vous pourriez notamment...

Devenir membre;

Recevoir de l'information sur le développement durable et autres projets;

Vous associer à des actions collectives et poser des gestes politiques;

Participer aux campagnes de pression sur l'accessibilité et la répartition des richesses sur la Planète.

Mots tendres pour **la terre**

Depuis des millénaires

Depuis des millénaires, elle marche.

Exilée, en quête d'aube
âme à nu
cœur à sec
corps labouré de colère
Errance!

Depuis des millénaires, elle lutte.

Épuisée, en mal d'aurore
a franchi murailles et barbelées
Non, ne s'est pas tue
Son ventre hurle pour la vie
Cadence!

Depuis des millénaires, elle s'avance.

Tarie, à bout de sève
Plaines tailladées à coup de saignées
Puits forés et terres insoumises
Décadence!

Depuis des millénaires, elles arrivent!

Foreuses d'eaux neuves
Mains et voix déliées
Mémoires et foi vives

Forces lumineuses abreuvées de silence
Mères fécondes et puissances renouvelées

Promesse de milliers d'ères de fête.

« En vert » et *contre tout*

Pour la lettre **D**...

1

Notez les engagements déjà réalisés.

2

Notez les changements opérés.

3

Quels sont vos nouveaux objectifs?

Abécéterre

pour penser les relations entre les vivants de la Planète

Enthousiasme
Espérance
Écospiritualité
Éthique
Éthiquette
Eau
Environnement
Ebadi, Shirin
Erdrich, Louise
Eau, ma sœur

Mots pour penser **la planète**

Enthousiasme

Enthousiasme!
En tous nos matins,
propulse nos pas,
soulève-les de joie, d'ardeur, de ferveur.

Enthousiasme!
En tous nos élans,
empare-toi de nos veines,
transfuses-y l'ivresse, l'allégresse, la liesse.

Enthousiasme!
En tous nos rêves,
transperce nos regards,
inonde-les d'émerveillement,
d'emballement, de ravissement.

Enthousiasme!
En tous nos espoirs,
irradie nos êtres,
embrase-les de passion, de jubilation, d'admiration.

Enthousiasme!
Empreinte divine!
Frémissement intérieur!
Feu sacré!

Espérance

La Terre est aux oiseaux!

Ankylosés par les dernières froidures, les arbres secouent leurs grands bras décharnés.

De sève, les racines se gorgent, et les bourgeons en frétillent d'impatience.
La mousse frissonne au contact de l'eau qui rigole entre les pierres qui se chauffent au soleil du printemps.

Des fourmis dans les jambes, les bestioles sortent de leur léthargie et explorent l'état de leur territoire.
Se défroissent les herbes nouvelles et reverdissent les semences timides.

Terre en éveil! Naissance de la verdure!

Je vous invite à demeurer en état d'éveil, à ouvrir grandes les mains et l'âme pour accueillir une espérance toute neuve, celle qui se pointe dans les beautés de la Terre mère et dans le terreau de votre existence.

Vous les témoins d'une terre en éveil… vous est confiée l'espérance pour un avenir de notre TERRE MÈRE.

L'espérance, c'est la qualité des marcheurs et des marcheuses, qui sans apercevoir le sommet de la montagne, ne cessent d'en faire l'ascension… pas à pas… avec la certitude d'atteindre le but.

L'espérance c'est la foi dans le possible et l'inespéré. L'espérance, c'est la conviction que tant qu'il y a de la vie, il y a de l'espoir.

Vous est confiée l'espérance des veilleurs et des veilleuses qui, malgré la fatigue des interminables veilles et la longueur de la nuit, se gardent en état de vigilance.

L'espérance permet de ne pas baisser les bras même si les défis sont immenses.

La terre ne nous appartient pas... nous sommes de passage.

Nous sommes la Terre.

> L'espérance est la passion du possible.
> *Moltman*

Écospiritualité

Écospiritualité
On est en spiritualité quand on se préoccupe de la Planète,
on vibre à la beauté du monde,
on considère que toute vie est sacrée!

L'écospiritualité est nommée ainsi parce que la dimension écologique occupe une place centrale dans le vécu spirituel et la pratique des gens qui y adhérent.

Elle propose diverses façons de vivre en interconnexion avec toutes les formes de vie. Elle tient compte des besoins économiques, sociaux et environnementaux des populations présentes et futures.

Quand toute la vie est un hymne à la beauté, que l'amour se danse et qu'en extase les corps entonnent des alléluias.

Quand la même tendresse épelle des prénoms d'enfants ou des noms de fleurs, que la liberté, le droit à l'eau et à la terre sont des cadeaux de naissance.

Quand l'entretien de son coin de terre, le partage des repas sont des moments sacrés, que la compassion se manifeste dans nos relations et nos projets.

Quand les passages obligés, de la naissance jusqu'à l'autre vie, se célèbrent en rituels de communauté, que la communion se fait reconnaissance et réconciliation.

Quand un verre d'eau offert et la découverte d'une talle de bleuets sauvages révèlent le précieux de la vie, que la dentelle du frimas et les pirouettes des colibris sont perçus comme des miracles.

Alors… nous vivons l'écospiritualité.

Éthique

Éthique
L'éthique est l'adhésion à des règles de conduite
qui font d'une collectivité
un espace respectueux des gens et de la Création.

L'éthique, c'est l'ensemble des lignes de conduite qui guident les choix et éclairent les comportements d'une société. Voyons-la à l'œuvre dans un groupe de jeunes de Saint-Barthélemy, dans Lanaudière.

On organise un fête avec des enfants et pour des enfants. Chacun y va de sa créativité et les idées foisonnent. Et comment faire la fête sans les ballons. Évidemment! Tout à coup, objection! Éclats de rire. Un jeune s'y oppose à cause des cachalots.
~ Des quoi?
~ Des cachalots!
Quel est le lien entre les ballons et ces cétacés?

Et l'enfant qui raconte au groupe ce qu'il a lu sur le sujet :
« On a retrouvé des ballons à demi dégonflés encore rattachés à des centimètres de rubans décolorés dans l'appareil digestif de cachalots qui ne peuvent plus se nourrir et meurent de faim. Une expérience a démontré qu'un ballon relâché en Ohio avait atteint la Caroline du Sud en seulement deux jours. » (Tiré du livre *50 façons de sauver votre planète*)

Les arguments de ce jeune très conscientisé ont rallié tout le groupe et au lieu de lancer des ballons on lui a lancé des bravos pour sa prise de position courageuse.

Terre à **terre**

Éthiquette

1. *Pour appliquer des règles éthiques dans son logement, ses vêtements, son alimentation*

S'informer des conditions de salaire, de traitement des travailleuses et des travailleurs concernés par les services proposés ainsi que des normes environnementales.

www.ethiquette.org

2. *Pour appliquer des règles éthiques vis-à-vis de l'électricité*

Rechercher les appareils électroménagers écoénergétiques. Remplacer les ampoules électriques traditionnelles par des ampoules fluorescentes compactes. Elles durent 6 fois plus longtemps et utilisent 4 fois moins d'électricité. Plus chères à l'achat, elles deviennent économiques à long terme.

3. *Pour appliquer des règles éthiques dans l'utilisation de la douche*

Installer une pomme de douche à débit réduit dans votre douche.

Elle offre un débit de 6 à 10 litres par minutes au lieu de 20.

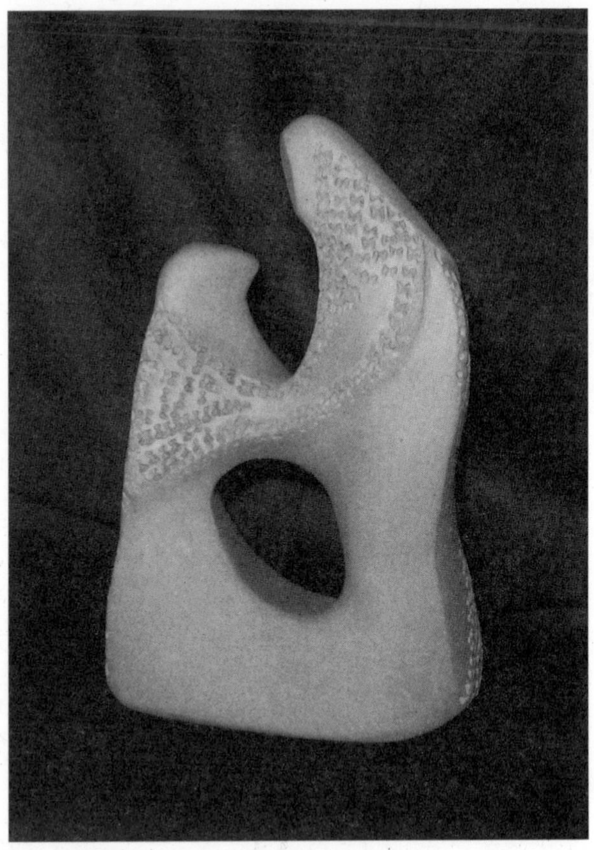

Reine Magnan, *Métamorphose,* argile.

Terre à **célébrer**

Eau

Journée mondiale de l'eau : 22 mars

À l'occasion du 22 mars, voici une invitation à célébrer notre sœur l'eau en vivant l'un ou l'autre des engagements suggérés.

Deux milliards d'humains n'ont pas un accès direct à l'eau potable.

Se rappeler que tout ce qui se jette dans la terre, la toilette, les éviers, les airs et les dépotoirs se retrouve inévitablement dans l'eau.

L'eau sur Terre n'est par renouvelable. C'est toujours la même quantité qui est disponible pour toute la Planète, et ce, depuis des milliards d'années.

1. Ajuster vos habitudes de consommation d'eau à vos besoins réels.
   - *Au Québec, chaque personne utilise, en moyenne, 400 litres d'eau par jour. En France, 150 litres .En Somalie, 15 litres. Et vous?*
   - *Un boyau d'arrosage consomme 1000 litres à l'heure.*
   - *La fuite d'une goutte d'eau à la seconde représente 12 000 litres d'eau par année.*

2. Devenir membre d'Eau Secours! : www.eausecours.org
   - *Pour obtenir 1 kg de papier, il faut entre 250 et 500 litres d'eau. Pour fabriquer une voiture, il en faut 35 000 litres.*

3. S'informer sur l'entretien des pelouses sans pesticides et répandre l'information : www.cap-quebec.com
   - *La pelouse moyenne de banlieue nécessite 10 000 litres d'eau pendant l'été.*

4. Refuser d'acheter et de boire l'eau embouteillée.
   - *Aux États-Unis, une étude a révélé que, sur 37 marques d'eau embouteillée, 24 n'étaient pas conformes aux normes en vigueur.*

5. Faire l'inventaire de tous les produits chimiques et toxiques de votre maison et les remplacer par des produits écologiques.
   - *À ce jour, on a découvert la présence d'environ 800 produits chimiques dans l'eau potable.*
   - *Environ deux millions de tonnes de déchets sont déversés, chaque jour, dans les fleuves, les lacs, les rivières.*

6. Ajuster son alimentation en diminuant la consommation de viande.
   - *Quelque 15 000 tonnes d'eau sont nécessaires pour produire une tonne de bœuf et 300 tonnes pour produire la même quantité de blé ou de soya.*

Site de la journée mondiale de l'eau :
www.unesco.org/water/water-celebration

Terre à **célébrer**

Environnement

Journée mondiale de l'environnement : 5 juin

La journée mondiale de l'environnement fut lancée par l'assemblée générale des Nations unies en 1992 afin de susciter l'action politique pour la sauvegarde de l'environnement

Profiter de cette journée pour participer à des corvées de nettoyage de rives ou de parcs, pour jardiner et fêter l'abondance apportée par la terre.

www.un.org/environnement

Notre conscience,
émergeant au-dessus des cercles grandissants
de la famille, des patries, des races,
découvre enfin que la seule unité humaine vraiment
naturelle et réelle est l'Esprit de la Terre.
Pierre Teilhard de Chardin

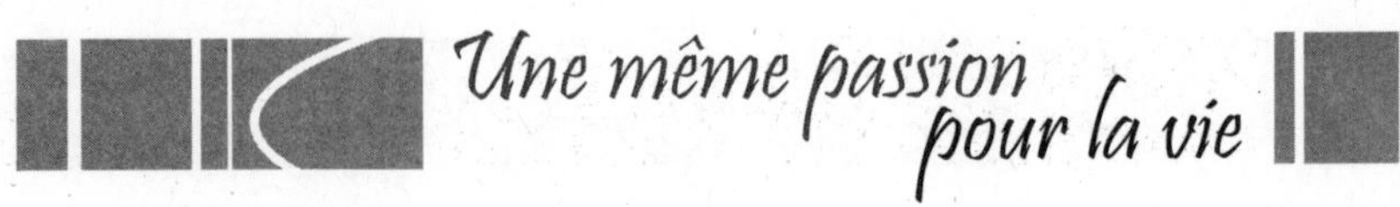

EBADI, Shirin

Prix Nobel de la paix en 2003, elle défend les droits de l'homme, des femmes et des enfants. Mme Ebadi est musulmane et une juriste qui lutte pour réconcilier l'Islam et les droits humains.

ERDRICH, Louise

Au Dakota du Nord, Mme Erdrich est une écrivaine engagée auprès de ses sœurs et frères autochtones. Elle écrit pour faire revivre les traditions de son peuple et clamer l'importance de conserver la mémoire des Chippewas.

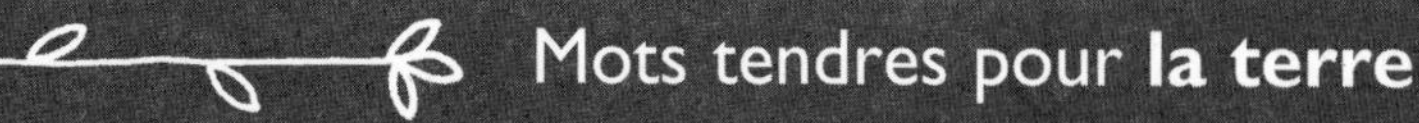

Mots tendres pour **la terre**

Eau, ma sœur

Ma sœur qui danse dans le courant
ma sœur qui rigole dans les mousses
ma sœur qui éclabousse de joie
qui éclate à grands coups de rire en cascades
eau, ma sœur, pour ton sens de la fête, merci!

Ma sœur qui féconde les sols
ma sœur qui abreuve les fauves
ma sœur qui émet des ondes de silence
qui enfante les vivants
eau, ma sœur, pour ta vie offerte, merci!

Ma sœur violée, pillée, vendue
ma sœur souillée, menacée, sacrifiée
ma sœur qui pleure ta peine amère en larmes acides
qui offre ton âme de cristal à la lumière
eau, ma sœur, pour ta puissance, merci!

Ma sœur qui grelotte, qui bruine, qui pleure
ma sœur qui étincelle dans la froidure
ma sœur qui enguirlande les arbres
qui frissonne et culbute en cataractes
eau, ma sœur, pour ta souplesse, merci!

Ma sœur qui règne en souveraine
ma sœur qui surgit des veines de la terre

ma sœur qui fait éclater les pierres
qui déploie ta force mystérieuse
en dérives souterraines.
eau, ma sœur, pour ta résistance, merci!

« En vert » *et contre tout*

Pour la lettre **E**...

1

Notez les engagements déjà réalisés.

2

Quels objectifs voulez-vous atteindre dans...

la prochaine semaine?

le prochain mois?

la prochaine année?

Abécéterre

pour penser les relations
entre les vivants de la Planète

F

Mots pour penser **la planète**

Féminisme

Afin que mères, femmes et filles
puissent sortir en sécurité et en toute liberté,
le soir dans les rues!

Afin que sœurs, grands-mères et fillettes
bénéficient des mêmes droits
que leurs pères et leurs frères!

Afin que femmes d'ici et d'ailleurs
jouissent du même droit à l'eau et à la terre!

Le féminisme

Ni une théorie ni une mode passagère.
Un vaste mouvement de transformation sociale.

Ni une voie d'exclusion des hommes
ni une affaire de femmes.
Une vision inclusive de toutes les personnes de la planète.

Justice et paix, solidarité, égalité et liberté
sont les grandes valeurs mises en œuvre
par ce mouvement.

- Au Bénin, dans le village d'Atchomé, j'ai vu marcher des femmes qui, chaque jour, parcourent plus de quatre kilomètres pour aller puiser l'eau pour les besoins de leurs familles respectives et d'autres habitants trop malades ou âgés pour s'approvisionner eux-mêmes. Le village n'a ni l'électricité ni d'installations sanitaires.

Par la Charte mondiale des femmes pour l'Humanité, le mouvement féministe travaille à faire cesser de telles situations et affirme que :

> Tous les êtres humains et tous les peuples sont égaux dans tous les domaines et dans toutes les sociétés. Ils ont un accès égal aux richesses, à la terre, à un emploi digne, aux moyens de production, à un logement salubre, à une éducation de qualité, à la justice, aux services de santé, à la sécurité pendant la vieillesse, à un environnement sain, à l'énergie, à l'eau potable, aux moyens de transports, aux techniques, à l'information, aux moyens de communication, aux loisirs, à la culture, au repos, à la technologie, aux retombées scientifiques. (Extrait du chapitre sur l'égalité)

- En République dominicaine, j'ai vu des femmes pleurer sur leurs enfants mutilés par des morsures de rats. Elles habitaient un quartier très pauvre et ne pouvaient se payer des filets pour protéger les bébés durant leur sommeil.

Le féminisme affirme que « la justice sociale est basée sur une redistribution équitable des richesses qui élimine la pauvreté, limite la richesse et assure la satisfaction des besoins essentiels à la vie et qui vise l'amélioration du bien-être de toutes et de tous. » (Chapitre sur la justice)

- Au Québec, j'ai vu des mères se prostituer pour s'assurer les argents nécessaires à l'achat de l'épicerie hebdomadaire.

Le féminisme affirme que « chaque personne a accès à un travail justement rémunéré, effectué dans des conditions sécuritaires et salubres, permettant de vivre dignement. » (Chapitre sur l'égalité)

- Dans Lanaudière, j'ai vu des fillettes échangées pour services sexuels.

- En Afrique, j'ai vu des enfants de 10 ans travailler sept heures par jour à la fabrication et au transport de blocs de ciment.

Le féminisme affirme que « tous les êtres humains vivent libres de toute violence. Aucun être humain n'appartient à un autre. Aucune personne ne peut être tenue en esclavage, forcée au mariage, subir le travail forcé, être objet de trafic, d'exploitation sexuelle. » (Chapitre sur la liberté)

- En Afrique du Sud, j'ai vu des familles de petits agriculteurs ruinées et leurs champs dévastés. On leur avait promis que l'usage de produits chimiques allait leur assurer des profits mirobolants. Ce fut le contraire!

Le féminisme affirme que « les ressources naturelles sont administrées par les peuples vivant dans les territoires où elles sont situées dans le respect de l'environnement et avec le souci de leur préservation et de leur durabilité. » (Chapitre sur la solidarité)

Si chaque femme, chaque mère, chaque fille de la Planète voit ses droits respectés, c'est la qualité de vie de toute la famille qui est par le fait même améliorée.

Fantaisie

Fin d'automne!
Visite rituelle aux arbres et aux plantes de mon terrain.
Halte brève aux cerisiers sauvages.
Je tends la main pour cueillir une grappe de fruits gavés de soleil. Surprise! Léger recul!
Suspendu par six ventouses, tête vers le sol, allègrement, il broute une feuille : un spectaculaire spécimen de chenille.
L'élégance même!
Dix centimètres de vert lumineux en position d'étirement et un tour de taille qui fait facilement trois centimètres.
Le long de ses flancs, en alternance, des touffes de poils bleu ciel et jaune fluo.
Sur la tête, deux antennes surmontées de minuscules globes orangés parsemés de points noirs.

Raffinement de créativité dont seule est capable la Grande Sagesse Créative. Pure fantaisie!

Exercice
pour développer la fantaisie

La fantaisie est un geste de résistance, un pied de nez à la désespérance. Elle est gardienne du rêve au temps des essoufflements et des démissions.
Un antidote à la routine et voie de guérison en temps de tristesse.
Elle tisse des fils d'or au terne tissu de nos vies.
Elle dynamise nos élans.

Quelle place occupe-t-elle dans votre vie personnelle, familiale et professionnelle?

Fête

La fête raffole des enfants!
Les humains au cœur d'enfants ont besoin de fête.
La fête aime les fleurs, les menus fantaisistes et les excentricités.
Elle se régale de l'ordinaire avec une bonne bière froide et une pizza et se délecte dans le raffinement des sushis et du bon vin.
La fête trace des parenthèses dans les agendas et dessine des sourires sur les visages sérieux.
La fête célèbre les victoires, les succès, les personnes aimées, de leur naissance à leur dernier au revoir.
La fête se faufile aussi bien autour d'un feu de camp que sur la place publique.
La fête se chante, se maquille, se danse et s'improvise.

La fête est à réinventer, à humaniser.
La fête redonne le souffle et l'énergie.
Elle réanime la joie et réaffirme l'importance de la gratuité.

FANTAISIE HIVERNALE

Elle flâne,
étale sa fine dentelle.
Il rôde, la frôle.
Clin d'œil complice.
Étreinte mystique!

Il hurle,
l'enlace avec souplesse.
Elle danse, s'incline.
Alliance furtive.
Plainte mystérieuse!

Ils se toisent, s'entrecroisent,
réfléchissent et se mirent.
Silence à tout rompre.
Murmure indicible!

Plumes d'argent,
frissonne la neige.
Souffle ardent,
s'enflamme la bise.
Valse lumineuse!

Fleuve

LA VOIX DU FLEUVE

Je suis le fleuve.
Je suis né d'une convergence
de rigoles et de rivières.

Gonflé de vie et chargé d'énergie,
je traverse chutes et barrages.
De toute la puissance de mon courant,
je cours vers la mer.

Silencieusement,
j'offre la fécondité aux terres que j'abreuve
etje me désole d'assister aux changements
des niveaux des eaux de la planète.

Le fleuve,
dans sa poursuite inlassable du cours de sa vie,
t'invite à la détermination.

Il enseigne qu'il est possible de tirer son énergie
à même les obstacles rencontrés.
Le fleuve interroge tes soifs de célébration
et de quête spirituelle.

Terre à **célébrer**

Femmes

Journée mondiale des femmes : 8 mars

Les femmes du monde choisissent cette journée afin de faire mémoire des luttes de leurs devancières. Elles célèbrent les acquis et se mobilisent afin d'améliorer les conditions de vie de l'humanité entière.

Thèmes généraux de la Journée des femmes
le libre échange
le travail des femmes
la paix et la démilitarisation
le trafic sexuel et la prostitution
les droits collectifs,
la souveraineté alimentaire
l'accès aux biens communs

Pour rejoindre le mouvement mondial des femmes, section Québec, ou pour trouver les liens avec votre région, contactez leur site : www.ffq.org.

Méditation sur la contribution des femmes

Femme qui prend soin!
qui marque le temps
à coups de pierres posées sur un puits
pour signer une présence dans le soutien promis.

Femme qui porte l'eau!
qui saisit les soifs, les vides et les manques
qui offre une halte bienfaisante
au cœur effarouché
qui indique une direction vers la Source
qui sait « être l'eau »
au fil des bouleversements
du corps et de l'âme.

Femme qui marche!
qui risque la route du temps cosmique
malgré des forces vacillantes
qui consent à l'appel mystique
pour une époque en mal de sacré.

Femme inspirée!
porteuse de sens au cœur des turbulences
qui guide les pas égarés dans les doutes
qui, de toute sa foi vive,
annonce et poursuit une vision
dictée par une lumineuse Présence.

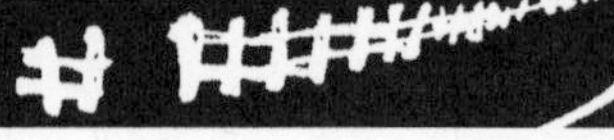

Terre à **terre**

Valeurs **Féministes**

Pourrions-nous repérer dans notre entourage des femmes qui sont des témoins d'engagement et les honorer par un geste.

Saurions-nous nommer des personnes, des femmes ou des hommes, qui se démarquent par leurs valeurs féministes.

Valeurs féministes
L'inclusion du féminin et du masculin
La non-violence envers les humains et la Terre Mère
Les relations égalitaires et l'équité tant au Nord qu'au Sud
L'équité salariale

Ne doutez jamais qu'une ou deux personnes déterminées puissent changer le monde.
En fait, ça a même toujours marché comme ça.
Margareth Mead

FROST, Diane

Diane Frost est une ingénieure chimiste qui a contribué à la mise en œuvre d'un projet d'amélioration du réseau d'égouts et de distribution d'eau potable aux populations pauvres du Pérou. Mme Frost est une Québécoise qui croit à la coopération internationale comme force de changements structurels.

FONDA, Jane

Aux États-Unis, cette artiste de renom fait ses tournées à bord d'un bus dont l'essence est composée notamment d'huile végétale. Elle donne ses spectacles pour prôner la cohabitation pacifique et faire échec à toutes les formes de violence.

Notre vraie nationalité est l'humanité.
Herbert George Wells

Mots tendres envers **la vie**

Femme, je suis

De dentelle et d'étoffe du pays
de solidité et de raffinement
de pillage et de piliers
de repliement et de déploiement.

De tendresse et de passion
de brume et de tourmente
d'arc-en-ciel et de clair-obscur
de rêves et de désirs.

De murmure de source
de hurlement de coyote
de peur et de colère
de sagesse et de doute

D'éclats de rire et de voix
de coups de cœur et de foudre
d'inspiration et de liberté
d'éternité et de finitude

Je marche à l'étoile
debout dans la lumière
portée par les ailes du vent
fascinée par le Feu.

Je suis… femme!

« En vert » *et contre tout*

Pour la lettre **F**...

1

Notez les engagements déjà réalisés.

2

Notez les changements opérés.

3

Quels sont vos nouveaux objectifs?

Abécéterre

pour penser les relations entre les vivants de la Planète

G

Mots pour penser **la planète**

Gratitude

Merci pour toute la tendresse vécue dans les amours
des femmes, des hommes et des enfants de ce monde.

Merci pour l'hymne de grâce du chèvrefeuille
qui s'offre à la douce tiédeur d'un soir d'été.

Merci pour l'eau qui, émue par les caresses du vent,
cligne des yeux sous le regard enjoué du soleil.

Merci pour l'aube qui allume chaque brin d'herbe
d'une parcelle d'arc-en-ciel.

Merci pour la présence enjouée des tourterelles,
des mésanges, des sitelles et des pics
qui égaient les jours d'hiver.

Merci pour la grâce aérienne du sabot de la vierge.

Merci pour la majesté du monarque
et son raffinement.

Merci pour les gestes de l'amour
et l'énergie du corps qui assure notre survie.

Merci! juste merci… pour tout, car tout est gratuité.

Nous arrivons sans artifice dans la vie
et nous repartirons ainsi.
Entre-temps, la vie et ses trésors nous sont prêtés.

La reconnaissance est un aveu d'humilité
devant la splendeur de l'existence.
Cette gratitude du cœur commande la bonté
et l'ouverture à autrui.
Lorsque nous sommes ainsi ouverts et sereins,
nous sommes en mesure de saisir l'instant présent,
de renoncer au ressentiment
et de voir l'essentiel en toute chose.

Recueil de pensées quotidiennes
Collection La Semaine

Guérison

Nul ne peut guérir l'autre s'il n'a d'abord été guéri!
Nul ne peut être guéri
sans consentir à ses propres gémissements de détresse
sans entendre les plaintes de son être entier.

Nul ne peut guérir
sans d'abord avoir connu en ses fibres intimes
le renoncement à la honte et à la peur,
sans avoir pris le risque de s'exposer dans sa nudité.

Nul ne peut guérir
sans avoir vu ses terres secrètes
lacérées, pillées par le doute et l'échec.

Se guérir et guérir l'autre et guérir la Terre
relève d'un même et identique processus.
Celui de l'expérience de la compassion!

Notre blessure consentie est l'unique chemin de la guérison.
Celui qui n'a jamais imploré la lumière ne connaît pas la nuit.
Et que sait-il de l'importance du temps,
de la joie de l'aube,
de la vie et de l'amour?

La guérison, c'est le miracle des forces de vie
qui imperceptiblement retissent les fibres une à une
fibres de nuits entremêlées de brins de soleil
jusqu'au retour de l'équilibre.

Chaque guérison nous fait devenir un peu plus humain.

Glacier

La voix du glacier

Je suis le glacier
issu de la lente accumulation
des glaces et des neiges.
Je voyage imperceptiblement
dans le temps et l'espace.

J'habite le royaume des grands froids
et des neiges immortelles.
Je suis témoin des aurores polaires
et des nuits sans fin.

Marqué par les âges et les périodes glaciaires,
mes empreintes racontent la mémoire
d'une planète bleue gorgée d'eau liquide ou gelée.

Témoin de durée et de présence silencieuse,
mon existence est menacée.
Le climat qui se réchauffe fragilise mon équilibre
et le tien.

Terre à **terre**

Gaz à effet de serre

Réduire les gaz à effet de serre

Au Nord, nos glaciers fondent à vue d'œil, entraînant dans leur fuite toute une gamme de perturbations et de changements climatiques dont les répercussions sont perceptibles jusque dans le Sud.

En période de canicule, privilégier l'utilisation de ventilateurs pour se rafraîchir.

Fermer toiles et volets de sa demeure évite la chaleur du soleil et garde la fraîcheur.

Réduire l'utilisation des climatiseurs dans la maison, au bureau et dans l'auto.

Opter pour des appareils ménagers portant le code « énerguide ».

Le fréon

Gaz utilisé comme agent frigorifique dans la construction des climatiseurs et des réfrigérateurs.
Il contribue au réchauffement de l'atmosphère et menace la couche d'ozone.

Une même passion pour la vie

GOODALL, Jane

Elle a passé 44 ans de sa vie à étudier et à protéger les grands singes. Elle est devenue le symbole international de la lutte pour la sauvegarde des chimpanzés. Elle fut nommée messagère de paix par l'ONU et continue de miser sur l'éducation du public dans 87 pays.

GILLES, Claude

Monsieur Gilles est un Québécois passionné qui a contribué au développement rural d'une communauté malienne. Échanger des pratiques agricoles, mettre sur pied des activités lucratives pour les femmes du village de Sanankoroba, améliorer la scolarisation des jeunes, voilà quelques-uns des projets auxquels il travaille.

> Le même fleuve de vie qui court à travers mes veines
> nuit et jour court à travers le monde
> et danse en pulsations rythmées.
> C'est cette même vie
> qui pousse à travers la poudre de la terre sa joie
> en d'innombrables brins d'herbe,
> et éclate en fougueuses vagues de feuilles et de fleurs.
> *Tagore*

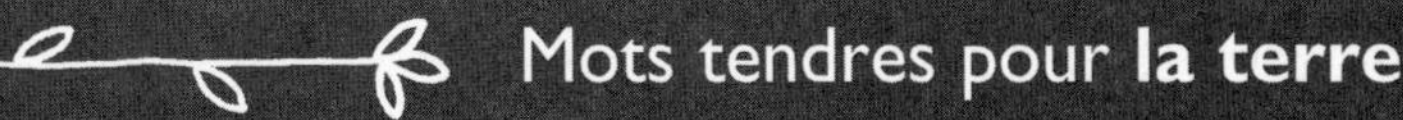

Guidance

Comment transmettre la fascination pour l'eau
sinon en relatant les éclats de sa voix
la romance de sa poésie
et une soif inextinguible.

Comment divulguer l'attraction pour le feu
sinon en brûlant de son incandescence
de sa chaleur incrustée dans les fibres de l'âme
et de la cicatrice d'une morsure de braise.

Comment léguer un élan pour le souffle
Sinon en attestant l'étreinte de l'aube
l'aimantation des aurores
et la griserie de la plainte de l'univers.

Comment rétablir la passion pour la terre
sinon en révélant l'incommensurable désir
l'ardeur d'un secret murmuré en silence
et le goût de l'infinité.

Guidance!

Faire mémoire d'une rencontre
indiquer un passage
attester l'insaisissable joie.
Devenir passerelle.

« En vert » et contre tout

Pour la lettre **G**...

1

Notez les engagements déjà réalisés.

2

Quels objectifs voulez-vous atteindre dans...

la prochaine semaine?

le prochain mois?

la prochaine année?

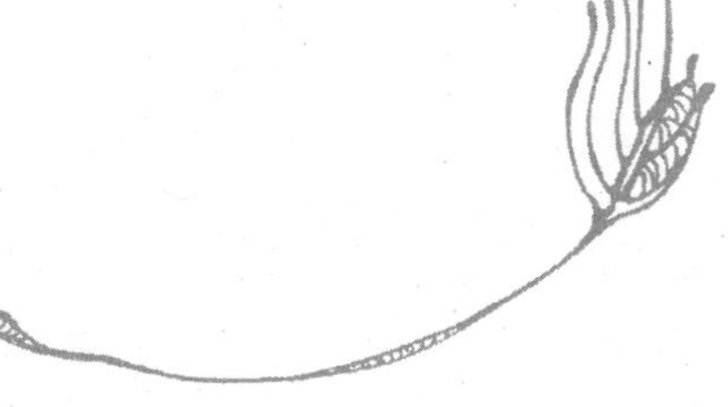

Abécéterre

pour penser les relations
entre les vivants de la Planète

Mots pour penser **la planète**

Humanité

L'Humanité n'est pas…
elle est à venir.
C'est un projet de vie, un projet pour la vie.

L'Humanité!
Un tableau à peindre
un poème à peaufiner
une courtepointe à agencer
une maison à construire
une terre à féconder
une aventure à poursuivre
une trajectoire à rectifier
un pays à enfanter

L'Humanité n'est pas…
elle vient.
Elle émerge
pas à pas
à pas de géant
à pas de tortue
à grandes enjambées
en reculs et en bonds historiques.

L'Humanité n'est pas…
elle se dessine.

Tant qu'il y aura les guerres et les armes nucléaires
tant qu'on maintiendra
les exclusions et les oppressions
tant qu'on assistera aux esclavages et aux pillages
tant que des enfants auront soif d'eau et de dignité
tant que des sols seront contaminés
l'Humanité sera conjuguée au futur.

L'Humanité est une œuvre à restaurer.
Par ta beauté et ta liberté
tu l'enfantes.

L'Humanité est un feu à attiser.
Par ta lumière et ton souffle
tu l'entretiens,
tu la veilles.

L'humanité est un chemin, un but, un horizon à fixer.
Éric-Emmanuel Schmitt

Herbe

La voix de l'herbe

Je suis l'herbe,
manteau de verdure de la Terre.
Je fabrique de la chlorophylle :
ma couleur et ma fierté.
Je me nourris de pluie, de sels minéraux
et de lumière.
Mon nom signifie remède.
Ma vie, apparemment sans histoire,
consiste à être là, sans bruit, sans éclat.
Pour les besoins des humains,
des insectes, des bêtes, humblement,
je consens à être un maillon
de la chaîne alimentaire.

Le monde de la végétation à ras de terre
émergeant des fossés et des pavés
t'appelle à vivre en toute simplicité, là où tu es.
Les herbes se font aromatiques et fines,
thérapeutiques et humbles
et te convoquent à croire
en la guérison de la Terre
par ton irremplaçable contribution.

Reine Magnan, *Guetteur d'aurore,* argile.

Terre à **terre**

Herbes et fleurs aromatiques

Pourquoi ne pas vous offrir la fantaisie de cultiver vos fines herbes? Elles sont heureuses tant en pleine terre que dans un bac sur votre balcon.

Leurs surprenantes vertus sauront vous charmer :
la menthe pour ses bienfaits sur la digestion;
la camomille pour son effet sur le sommeil;
le thym pour ses effets antiseptiques;
le basilic pour ses propriétés toniques;
la verveine pour ses vertus sédatives.

Les capucines, les violettes, les pensées, les calendulas, en plus d'être un spectacle pour les yeux, sont un délice pour le palais.

Parmi les services qu'elles rendent, et ce n'est pas le moindre, elles fournissent aux abeilles des trésors à butiner. Ces artisanes du miel sont indispensables à la survie de l'humanité.

Si l'abeille disparaissait de la surface du globe,
l'Humanité n'aurait plus que quatre années à sa disposition
avant de disparaître à son tour.
Pas de pollinisation, pas de fécondation, pas de plantes.
La revue *Aube*, numéro 2

HULOT, Nicolas

Un amant de la nature! Un passionné de la beauté du monde qui tente par des reportages aussi fascinants les uns que les autres à conscientiser les gens sur le fragile équilibre planétaire. Président de la Fondation Nicolas-Hulot pour la Nature et l'homme. Il a inspiré plusieurs initiatives dont *Le petit livre vert pour la terre* distribué gratuitement à la population française.

HIRSHON, Unutea

Une militante pacifiste de la Polynésie française qui lutte depuis trente ans contre les essais nucléaires dans l'île. Les retombées radioactives causeraient un grand nombre des cancers de la thyroïde chez les femmes, sans parler des autres conséquences sanitaires et environnementales.

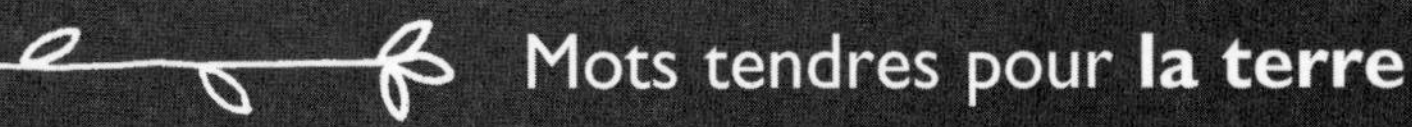

Habiter sa terre

Consentir humblement
à honorer ses racines
à reconnaître ses dormances
à apprivoiser son humus
à renaître de ses migrations.

Renoncer intensément
à s'exiler hors de son mystère
à s'exhiber loin de son intériorité
à se terrer dans l'isolement
à maltraiter sa finitude.

Consentir véritablement
à vivre la transcendance
à révéler la profondeur de son puits
à offrir l'accès à sa lumière
à attiser son feu jusqu'à l'aube.

Renoncer énergiquement
à migrer loin de ses responsabilités
à se taire devant son exil
à camoufler sa musique intérieure
à nier le plaisir et la beauté.

Habiter sa terre, la terre
l'étreindre comme on enlace
une gerbe de bonheur
la choyer comme on caresse
un instant de quiétude
la guérir comme on dorlote un enfant
la veiller comme on entretient une braise
la revêtir comme on porte un habit de grâce
l'honorer comme gîte de la Présence
jusqu'à son dernier souffle.

Contemplez la beauté de la verdure terrestre.
Songez que nous disposons de toute la nature.
Nous devons travailler avec elle
parce que sans elle, nous ne pouvons survivre.
Hildegarde de Bingen

« En vert » et *contre tout*

Pour la lettre **H**...

1

Notez les engagements déjà réalisés.

2

Notez les changements opérés.

3

Quels sont vos nouveaux objectifs?

Abécéterre

pour penser les relations
entre les vivants de la Planète

I

Mots pour penser **la planète**

Indignation

Devant la vue du travail forcé des enfants,
de leur trafic pour le lucratif commerce des organes,
de leur exploitation sexuelle par le tourisme de luxe…
seule l'indignation vous fera signer
une pétition en faveur des droits humains.

L'indignation est cette capacité d'insurrection
devant la beauté bafouée!

Devant les dictatures,
les viols comme armes de guerre,
les sociétés civiles prises en otage
dans des conflits politiques et des joutes de pouvoir…
seule l'indignation fera joindre vos pas
à une manifestation en faveur de la paix
et une culture de la non-violence à l'échelle planétaire.

L'indignation est ce sursaut intérieur
devant l'inacceptable mépris de la vie.

Devant la disparition des terres cultivables,
la contamination des nappes phréatiques
et la pollution de l'espace
par des débris d'essais nucléaires
la destruction des campagnes par les tirs de roquettes
et les tonnes de missiles…

seule l'indignation vous fera adhérer à des mouvements en faveur d'une Charte mondiale des droits de la planète.

L'indignation, c'est l'élan de saine colère devant ce qui sabote la santé des êtres vivants.

L'indignation, c'est la colère transformée en énergie créatrice plutôt qu'en nouveaux cycles de violence.

Charte de la Terre

La Charte de la Terre promeut les droits de la planète. Elle a été élaborée par des scientifiques, des hommes d'affaires et des politiciens sous l'initiative de Maurice Strong, ce Canadien qui s'est plus d'une fois démarqué par ses engagements politiques en faveur du développement durable notamment lors du Sommet de la Terre, en Afrique du Sud.

Cet audacieux projet international est porté par plus de cent milles personnes, provenant de quarante-six pays, issus des cinq continents.

La Charte prône le respect et la protection de la communauté de la vie,
l'intégrité écologique
et la justice sociale et économique.

Charte de la terre : www.chartedelaterre.org

Insectes

La voix des insectes

Nous sommes les insectes.
Nos vies se déroulent en relation intime avec le sol
et en contact vital avec le monde végétal.

Nous habitons le domaine mystérieux des sous-sols,
y traçant des voies de circulation et d'aération.
Notre race compte des milliards d'individus
aussi colorés qu'excentriques en taille et en mœurs.
Extrême générosité de Dame Nature!

Parabole vivante sur le labeur et hymne à la vie,
le monde des insectes indique des pistes
pour vivre ensemble.

Les chenilles et les papillons, avec leur sagesse,
sont un modèle de patience pour nos temps
de transformation.

Les abeilles, ces spécialistes de la coopération,
t'invitent à offrir ce que tu portes d'unique
et à renoncer à la compétition et à la rivalité.

Les cigales et les fourmis se portent volontaires
pour proclamer la nécessité de la fête et t'y initier.

...

Toutes ces petites bêtes t'invitent
à la gestion écologique de leurs populations
et à une cohabitation pacifique avec elles.

Elles réclament ton aide en te demandant
de renoncer aux pesticides et aux engrais chimiques.

> Quand les fourmis se mettent ensemble,
> elles peuvent transporter un éléphant.
> *Yao Assogba*

> Nous sommes plus intelligents collectivement
> que notre espèce ne l'a jamais été dans son histoire.
> Mais nous sommes de moins en moins sages.
> La sagesse naît d'une relation entre nos valeurs,
> notre intelligence et nos connaissances.
> C'est là que se situe le défi ultime en environnement :
> serons-nous assez sages pour poser les gestes
> qui vont assurer un avenir viable?
> *Maurice Strong*
> *Le Devoir*, 31 août 2002

Intergénérationnel

Rituel pour honorer nos liens intergénérationnels

Rituel
Ensemble de gestes et de symboles.
Célébration autour d'un événement ou d'un thème
pour y donner un sens
et une importance particulière.

Créez une ambiance favorable à l'intériorité (éclairage tamisé, musique, plantes...)

Installez vos invités en cercle autour d'un grand plat contenant diverses graines de semence.

Le cercle
Le cercle, c'est la forme de la planète. Elle souligne
l'interdépendance et la continuité des cycles de vie.

C'est la forme par laquelle tous les individus
sont sur un pied d'égalité,
la forme qui implique l'unicité
et l'importance de chaque membre.

Invitez les personnes à s'intérioriser dans le silence.

Après quelques instants, débutez le rituel par la lecture de la *Légende de l'arbre à pain*.

La légende de l'arbre à pain

Selon une vieille histoire juive, un enfant appelé Honi vit un jour un vieillard creuser un trou dans la terre.

Honi demanda à l'homme :
« Qu'est-ce qui t'oblige à travailler aussi fort à ton âge? Tu n'as pas de fils pour t'aider?

L'homme continuait à creuser.
~ C'est un travail que je dois faire seul. »

Honi demanda : « Quel âge as-tu?
~ J'ai soixante-dix-sept ans, répondit l'homme.
~ Et qu'est-ce que tu plantes?
~ Je plante un arbre à pain, répondit-il, et avec le fruit de cet arbre, on fait du pain.
~ Et quand est-ce que ton arbre va porter des fruits? demanda Honi.
~ Dans soixante-dix-sept ans.
~ Mais tu ne seras sûrement plus en vie, alors, dit Honi.
~ Oui, tu as raison, dit le vieillard, je ne vivrai pas jusque-là, mais je dois planter cet arbre, car lorsque je suis venu au monde, il y avait des arbres à pain ici pour moi. J'ai le devoir de faire en sorte que, quand je partirai, il y ait encore des arbres. »

Auteur inconnu

Introduisez un temps d'échange pour favoriser l'expression des réflexions et des commentaires suscités par le texte.

Afin de prendre conscience des liens et des responsabilités qui s'étendent d'une génération à l'autre, faites nommer des personnes qui ont contribué au développement du village, de la ville et du pays.

Faites préciser leur contribution.

Par un geste symbolique, concluez le rituel en proposant un geste d'engagement.

Soulevez le plat de graines de semence.
Présentez-le à chaque personne.
Invitez-la à prendre quelques graines de semence
pour ainsi signifier sa volonté de soigner la Planète en donnant vie à ces semences au moment opportun.

> Nous n'héritons pas de la Terre de nos ancêtres,
> nous l'empruntons à nos enfants.
> *Antoine de Saint-Exupéry*

On peut terminer le rituel par un goûter biologique composé de produits locaux.

Terre à **terre**

Investissement responsable

Vos placements contribuent-ils à protéger la vie, la terre, les personnes, les communautés du nord et celles du sud?

Vos argents sont-ils placés dans des institutions ou des entreprises qui ont un code d'éthique quant à l'environnement et aux conditions de travail de leurs employés?

À vous de faire des choix… même votre argent pourrait reverdir la terre et engendrer l'humanité!

Consultez ce site afin de vous informer au sujet d'une alternative à vos placements.

www.investissementresponsable.com

Isolants verts

La fibre de cellulose est un isolant fabriqué à partir de vos journaux recyclés et traités afin de les rendre ignifuges et antivermine.

Mots tendres pour **la terre**

Intarissable puits

Le puits de ma terre
s'épuise à attendre
crie de toute sa soif
creuse désespérément le ventre qui l'abrite
d'un désert à l'autre.

Le puits de ma terre
se tend de toutes ses veines
s'abreuve aux tièdes rayons de lune
sonde obstinément l'insaisissable rumeur
d'un jour à l'autre.

Le puits de ma terre
se fascine pour les fantaisies du vent
frémit sous la caresse du passant
s'enivre insatiablement de sa musique
d'une saison à l'autre.

Le puits de ma terre
s'élance, debout, dans l'azur et la grisaille
se dresse vers la voûte, l'interroge,
scrute inlassablement sa voie
d'une étoile à l'autre.

Le puits de ma terre
chemin de liberté
guide de lumière
d'un bout à l'autre de ma vie.

Une même passion pour la vie

ILLUSTRES INCONNUS

Cet espace est un hommage à toutes les illustres inconnues et à tous les illustres inconnus, écologistes en herbe de tous les villages et villes du monde. Vous en faites partie!

Inscrivez-y votre nom.

Composez un court texte qui relate vos petits et grands pas écologiques, vos initiatives vos coups de pouce pour la terre. Soyez-en fiers!

> Prendre plus que ce dont nous avons besoin,
> c'est dérober à la terre et au reste de ses habitants
> non seulement leurs ressources élémentaires
> mais tout aussi bien leur âme.
> *Joan Chittester*

« En vert » et *contre tout*

Pour la lettre **I**...

1

Notez les engagements déjà réalisés.

2

Quels objectifs voulez-vous atteindre dans...

la prochaine semaine?

le prochain mois?

la prochaine année?

Abécéterre

pour penser les relations
entre les vivants de la Planète

J

Mots pour penser **la planète**

Justesse

Rectitude du désir
raffinement des gestes
authenticité des déclarations
vérité de la parole
droiture de la conscience
convenance du regard
précision dans la trajectoire
exactitude de la pensée
nuances du jugement
mesure dans la collaboration
discipline dans l'action

Justesse, pour ne pas dire justice, cette soif qui s'empare de nos corps et de nos esprits devant l'horreur des guerres et du pillage de la Terre.

Justesse, cet élan qui s'insinue dans notre être quand résonnent les hurlements du vent dans les forêts fauchées.

Justesse, cette clé de voûte qui s'impose dans la construction des amours nobles et des solidarités durables.

Justesse, cette carte maîtresse qui se joue dans les traités et les accords entre les peuples.

Justesse, le mot de passe qui ouvre au mystère d'une relation nouvelle avec la Terre.

Justesse, cette attitude ajustée qui, devant l'erreur, propose une voie de justice humaine et réparatrice.

La justesse est une manière de vivre et d'écrire autrement une page de l'Histoire de l'Humanité.

Exercice
pour s'entraîner à vivre la justesse

Par ce test vous pouvez estimer l'empreinte laissée par vos activités sur le coin de terre que vous habitez.

Une manière très concrète de teinter votre mode de vie aux teintes de la justesse!

Empreinte écologique
L'empreinte écologique est la pression
que nous infligeons à la planète.

Empreinte écologique

L'empreinte écologique évalue la surface totale requise pour produire les ressources que nous utilisons (nourriture, vêtements, biens et services, etc.) pour répondre à notre consommation d'énergie et pour fournir l'espace nécessaire à nos infrastructures (logements, routes, etc.).

Bouttier-Guérive et Thouvenot

Je mange de la viande :

2 fois par jour	40
1 fois par jour	0
2 ou 3 fois par semaine	-10
Rarement ou jamais	-20

J'achète viande et poisson frais plutôt que surgelés :

Jamais	10
Souvent	0
Toujours	-10

J'achète fruits et légumes frais et non préparés :

Jamais	10
Souvent	0
Toujours	-10

J'achète des produits :

Fabriqués de préférence en mon pays	-10
Sans prêter attention au lieu de fabrication	0

J'habite :

Une maison non mitoyenne 10
Une maison mitoyenne 0
Un appartement .... -20

Je me lave :

En prenant des bains 10
En prenant des bains et des douches 0
En prenant des douches .... -5

Je vais travailler :

En voiture 0
En train .... -30
En métro ou en bus .... -30
En vélo ou à pied .... -50

Je pars habituellement en vacances :

En avion 0
En voiture 0
En bateau .... -15
En train .... -10
En vélo .... -20
À pied .... -20

Je privilégie les vacances dans mon pays :

Oui 0
Non 20

Estimation de votre empreinte écologique

Votre total de point	Votre empreinte écologique
Inférieur à -70	inférieure à 4 hectares
Entre -70 et -10	entre 4 et 5 hectares
Entre -10 et +10	entre 5 et 5,4 hectares
Entre +10 et +50	entre 5,4 et 6 hectares
Entre +50 et +100	entre 6 et 7 hectares
Supérieur à 100	supérieure à 7 hectares

L'empreinte écologique d'un Français moyen est de 5,2 hectares.
Celle d'un Chinois est de 1,5 hectare.
Celle d'un habitant du Mozambique : moins de 0,5 hectare.
Celle d'un Américain : 10 hectares.

« Si l'on divise l'ensemble des surfaces productives de la Planète par les 6 milliards d'habitants, on constate que la Terre met à notre disposition 1,9 hectare par personne. »

À vous de tirer vos propres conclusions!

Terre à **terre**

Jardinage

Commencez ou poursuivez la culture d'un potager, d'une plate-bande ou d'une boîte de fleurs selon l'espace et le temps disponibles.

Un jardin est :
- une plage de bonheur paisible et d'intimité avec le cosmos;
- un espace de méditation et de repos;
- un lieu de méditation et quelques courbatures assurées;
- une expérience spirituelle;
- une démarche artistique.

Inviter quelqu'un, notamment des jeunes, à qui transmettre cette passion pour la terre.

Faire du jardinage,
c'est participer activement
aux mystères les plus profonds de l'univers.
Thomas Berry

Jeunesse

Journée internationale de la jeunesse : 12 août

Prendre du temps pour retrouver un brin de jeunesse. Apprendre à jouer en s'inspirant des enfants : ces grands spécialistes des activités ludiques. Écouter et entendre des jeunes sur leurs rêves et leurs inquiétudes devant l'avenir.

Ce que je souhaite pour la terre, ce serait la paix
dans le monde entier, plus de famine, plus de pauvreté,
que tout le monde soit heureux.
J'aimerais aussi essayer de trouver des solutions
pour arrêter le réchauffement de la planète,
car cette catastrophe va finir par détruire l'écosystème.
Roxane, 12 ans

Je suis inquiète, car je me dis que la pollution pollue
beaucoup l'air. Je pense que dans dix ou quinze ans
l'air sera beaucoup pollué et
que nous tomberons tous très malades.
Christina Mirandette, 10 ans

Je voudrais que les personnes fassent moins de pollution.
Comme ça, les arbres vont pouvoir nous donner de l'air
et la couche d'ozone ne se détruira pas.
J'ai peur que les personnes se disputent
pour l'air et l'eau et qu'ils se fassent mal.
Mélodie Caron, 10 ans

JAMARTI, Aliette

Au Congo, un pays ravagé par la déforestation et le braconnage, cette Africaine d'adoption lutte pour la survie des grands chimpanzés menacés d'extinction. Elle œuvre depuis 14 ans pour implanter l'idée de l'écotourisme comme moyen de sensibilisation des populations locales et des visiteurs à la condition des grands singes, nos ancêtres.

JEAN, Christine

En France, cette environnementaliste milite en faveur de la sauvegarde de rivières et de fleuves vivants en s'opposant à la construction de barrages.

Mots tendres pour **la terre**

J'aurais beau...

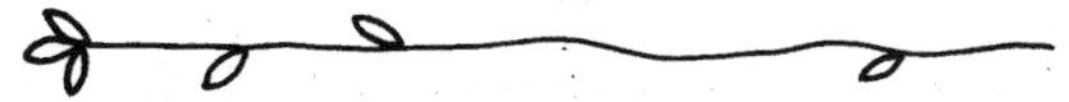

J'aurais beau habiter une belle maison,
exercer un métier bien payé,
porter des vêtements griffés,
jouir d'une bonne réputation et être aimé
si je n'ai pas d'eau, je ne suis rien.
Si nous n'avons plus d'eau, ça ne sert à rien.
L'eau c'est la vie!

J'aurais beau collectionner les diplômes
et avoir mille talents
entrevoir une retraite confortable
avec des rentes et des assurances
si je n'ai pas d'eau, je ne suis rien.
Si nous n'avons plus d'eau, ça ne sert à rien.
L'eau c'est la vie!

J'aurais beau me donner corps et âme
pour l'éducation des jeunes
j'aurais beau me dépenser
pour l'aide humanitaire et le développement
élaborer des plans d'action astucieux
en faveur des pauvres
si je n'ai pas d'eau, je ne suis rien.
Si nous n'avons plus d'eau, ça ne sert à rien.
L'eau c'est la vie!

J'aurais beau prôner l'équité et la justice
inciter tout le monde à l'engagement
en faveur du partage et de la paix
bâtir des projets audacieux
pour la communication et la réconciliation
si je n'ai pas d'eau, je ne suis rien.
Si nous n'avons plus d'eau, ça ne sert à rien.
L'eau c'est la vie!

J'aurais beau être entouré
de l'équipe la plus dynamique
promouvoir un développement durable
mettre en place des structures favorables à l'emploi
si je n'ai pas d'eau, je ne suis rien.
Si nous n'avons plus d'eau, ça ne sert à rien.
L'eau c'est la vie!

J'aurais beau tout posséder,
rien ne remplacera l'eau vive,
pure, potable et disponible.
L'eau c'est la beauté des forêts,
les légumes sur ma table,
l'herbe dans le pré, les bords de mer.
L'eau c'est nous!
Nous sommes l'eau!

Ce n'est point un hasard si les grands siècles de l'art de vivre sont aussi les grands siècles des jardins, comme si les perfections matérielles ou spirituelles d'une civilisation ne pouvaient s'épanouir qu'en jardins.
Pierre Grimal

« En vert » *et contre tout*

Pour la lettre **J**...

1

Notez les engagements déjà réalisés.

2

Notez les changements opérés.

3

Quels sont vos nouveaux objectifs?

Abécéterre

pour penser les relations entre les vivants de la Planète

K

Kaléidoscope
Kenaf
Katsitsarondkwas, lynn
Klein, Naomi
Kilogrammes de déchets
Kermesse chez les oiseaux

Mots pour penser **la planète**

Kaléidoscope

> Un kaléidoscope est une
> « suite rapide de sensations vives
> et variées ».
> *Le Petit Larousse*

C'est bien là l'effet recherché en proposant à votre attention une kyrielle d'expériences vécues par des gens de l'ordinaire ou des initiatives de plus grande envergure.

Imaginez une tournée planétaire de personnes munies d'un kaléidoscope vous permettant de regarder le quotidien sous une autre optique que celle de la rentabilité ou de la compétition.

Voici une liste de projets alternatifs porteurs d'espoir :

S.E.L. : Système d'Échanges Locaux

Un peu partout sur la planète, des personnes se réunissent pour vivre le troc et ses variantes en échangeant du temps, des services et des produits. Cette économie alternative permet d'établir des échanges de services basés sur le respect.
Référence : http://francinet.free.fr

Réseau de simplicité volontaire

Au Québec et à travers le monde entier, une multitude de personnes optent pour un mode de vie simple en vue de plus de bonheur.

www.simplicitevolontaire.org

Théâtre

À Montréal, il existe une troupe de théâtre dans laquelle les membres privilégient des produits de maquillages écologiques et des costumes confectionnés de végétaux biologiques comme le lin ou le coton.

Dix mille villages

Dix mille villages est un organisme, à but non lucratif qui lutte contre l'exploitation des ressources humaines et naturelles. C'est également une boutique qui prône le commerce équitable.

Faire des achats dans ce genre de boutique permet une juste rémunération pour de petits artisans des pays en voie de développement.

Dmv-mtl@qc.aira.com

Pour colorer l'avenir d'espoir, qu'ajouteriez-vous à cette kyrielle de bonnes nouvelles?

Kenaf

D'origine tropicale, le kenaf est une plante annuelle qui a la particularité de créer au centre de sa tige une moelle naturellement blanche utilisée pour la production de pâte à papier et ne nécessitant aucune opération de blanchiment.

En condition optimale, le kenaf est récoltable en 3 à 5 mois. Cette culture constitue ainsi une alternative économique et écologique à la pâte tirée du bois des forêts septentrionales.

Grâce à ses propriétés et à la qualité de ses fibres, il est également utilisé dans la confection de produits géotextiles.

Des producteurs québécois expérimentent actuellement la culture du kenaf sur des terres consacrées antérieurement au tabac.

Quelle promesse pour nos forêts!

KATSITSARONDKWAS, Lynn

Coordonnatrice du projet d'habitation saine « Kanata » à Kahnawake, cette jeune Mohawk incite sa communauté à vivre dans des maisons construites de matériaux végétaux et à s'engager dans des activités écologiques comme le jardinage.

KLEIN, Naomi

Journaliste torontoise, auteure de plusieurs livres et documentaires. Elle prône des solutions alternatives pour sauvegarder la Planète en tenant compte de la dimension humaine dans le domaine économique. Grâce à elle, un nouveau modèle de gestion administrative est en train de naître en Amérique du Nord et ailleurs.

Toutes les ténèbres du monde ne pourront jamais éteindre, à force d'être noires, la flamme d'une bougie.
Proverbe chinois

Terre à **terre**

Kilogrammes de déchets

en moins pour les sites d'enfouissements

Contenants alimentaires, vaisselle et ustensiles biodégradables

La compagnie Nova Envirocom confectionne des produits à base de matériaux biodégradables, notamment à partir de l'amidon de pomme de terre et de la canne à sucre appelée bagasse.

Les ustensiles conçus à base d'amidon de pomme de terre sont 100 % compostables après un délai de 60 jours dans des conditions optimales.

Les contenants et la vaisselle à base de bagasse, quant à eux, se décomposent en deux semaines et ne sont pas toxiques pour l'environnement.

Commandez votre vaisselle biodégradable en vue de vos prochaines festivités. Acceptez de mettre quelques sous de plus pour donner ainsi un coup de pouce à ce marché novateur.

Plus la demande est forte, plus les prix baissent. Un cadeau de fête original et durable pour la Terre!

www.novaenvirocom.ca

> Notre conscience, émergeant au-dessus des cercles
> grandissants de la famille, des patries, des races,
> découvre enfin que la seule unité humaine
> vraiment naturelle et réelle est l'Esprit de la Terre.
> *Pierre Teilhard de Chardin*

Mots tendres pour **la terre**

Kermesse chez les oiseaux

Être aux oiseaux
roucouler d'aise
quitter le nid

Voler de ses propres ailes
sortir de sa coquille
faire son nid
avoir une prise de bec
rester le bec cloué

Avoir du plomb dans l'aile
se défendre bec et ongles
mettre ses œufs dans le même panier
avoir les ailes basses
perdre des plumes

Se retrouver le bec à l'eau
marcher sur des œufs
couver quelque chose
à tire d'aile
être comme un oiseau sur une branche
avoir un appétit d'oiseau
battre de l'aile
piquer du nez
se remplumer
déployer ses ailes

Avoir une belle plume
ajouter une plume à son chapeau
signer son nom de plume

L'être humain :
un drôle d'oiseau!

« En vert » et contre tout

Pour la lettre **K**...

1

Notez les engagements déjà réalisés.

2

Quels objectifs voulez-vous atteindre dans...

la prochaine semaine?

le prochain mois?

la prochaine année?

Abécéterre

pour penser les relations entre les vivants de la Planète

L

Loyauté
Lumière
Lenteur
Lutte contre les pesticides
Lemieux, Andrée-Lise
Latulipe, Hugo
Luxuriante terre

Mots pour penser **la planète**

Loyauté

Je lance un appel aux humains de ma planète.

Je les invite à vivre d'une manière lumineuse afin de faire reculer le chaos de notre Maison, la Terre.

Ensemble, nous devons créer des conditions pour faire échec à la corruption aux mille et un visages.

Je les convoque à engendrer un autre « siècle des Lumières ».

Loyauté
Caractère de ce qui obéit aux lois de l'honneur, de la probité, de la droiture.
Le Petit Larousse

Lumière

Méditation sur la lumière

Faire la lumière sur nos relations!
Dire la vérité
bannir les jugements qui étouffent
combattre des préjugés qui isolent
rectifier les qu'en-dira-t-on qui marginalisent
tenir parole...
Lentement,
à la manière de frère soleil
qui fait rire aux éclats l'eau des rivières
et frémir l'herbe neuve...
Faire la lumière!

Mettre la beauté en lumière!
Privilégier l'essentiel à l'artificiel
afficher nos couleurs afin que la vie soit protégée
clamer que l'espérance est plus forte que la terreur
et refuser ce qui tue l'air et l'eau
rechercher ce qui construit la personne et la Terre
développer ce qui procure des racines
et donne des ailes
vivre la douceur et la tendresse...
Humblement,
à la manière des étoiles
qui épinglent des fragments de clarté
à la grande toile de la nuit.
Mettre la beauté en lumière!

Jeter de la lumière à pleines mains!
Ouvrir le cœur et tendre la main à la nouveauté
nous soutenir dans nos renaissances
nouer les brins de la solidarité
comme des toiles entre les âges et entre les temps...
Imperceptiblement,
à la manière de sœur lune
fidèle au poste de sentinelle
pendant que le jour se refait une beauté.
Jeter de la lumière à pleines mains!

Être Lumière!
Veiller aux côtés des personnes et des groupes
qui luttent dans la tourmente
danser les victoires
et bénir pour les leçons de l'épreuve
risquer l'étincelle qui inspire l'harmonie
entre tous les vivants
être du voyage, lampe à la main,
d'une étoile à l'autre...
Ardemment,
à la manière des flammes
qui enlacent le bois
pendant qu'il offre sa vie et sa clarté.
Être Lumière!

Transformer notre Terre en Maison de Lumière!

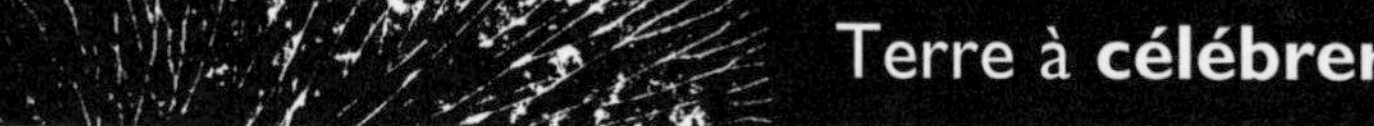

Terre à **célébrer**

Lenteur

Journée de la lenteur : le 21 juin

Que feriez-vous si vous aviez le temps, *si vous aviez du temps*? Qu'est-ce qui vous empêche de prendre cette journée pour la vivre à plein?

Le temps de vous lever et de vous étirer, le temps de rire,
de regarder vos plantes, vos chats, vos enfants
de suivre une ballade de nuages ou de danser sous la pluie
de cuisiner, de goûter, de méditer, de jouer, de marcher.
Le temps de dire que l'on aime la vie, le chocolat, le monde
de rééquilibrer l'activité et le repos
le temps de se décontaminer l'âme, le corps et l'esprit.

Vous rejoindrez alors un mouvement mondial pour contrer l'obsession de la vitesse et de l'efficacité à tout prix, tout le temps… Vous pouvez même consulter l'auteur Carl Honoré qui fait *Éloge de la lenteur* et souhaite faire contrepoids à la culture de la rapidité.

Éloge de la lenteur. Et si vous ralentissiez? de Carl Honoré aux Éditions Marabout.

Ne crains pas d'avancer lentement,
crains seulement de t'arrêter.
Sagesse chinoise

Terre à **terre**

Lutte contre les pesticides

Bannir progressivement les pesticides ou herbicides près des puits, des ruisseaux, des étangs ou des marécages : ils sont une menace pour la faune et la flore et donc à plus ou moins long terme sur la santé humaine.

S'abstenir de déverser divers solvants et autres produits chimiques dans les tuyaux d'égout : ils pourraient endommager ces derniers et perturber toute la chaîne alimentaire. Ils sont des déchets dangereusement persistants. On en retrouve des résidus dans l'eau potable.

LEMIEUX, Andrée-Lise

Depuis près de 15 ans, cette Montréalaise développe et commercialise des produits nettoyants biodégradables dans des contenants réutilisables. Elle reconnait que la mentalité québécoise a véritablement changé vis-à-vis des produits d'entretien. Lentement, mais très assurément, le public se convertit au bio!

www.nettoyants.lemieux.com

LATULIPE, Hugo

Jeune cinéaste qui, par son documentaire *Bacon*, a tiré la sonnette d'alarme sur les mauvaises conditions de l'élevage porcin et leur impact sur l'alimentation humaine.

Mots tendres pour **la terre**

Luxuriante terre

Tu visites la Terre et tu l'abreuves
tu la pétris et l'arpentes.
Fécondée, elle enfante la rosée
saoule de pluie et de soleil
se baigne dans l'onde
révèle ses rivières cachées.
Abondance

Tu visites ma Terre
effarouchée, mon âme.
Inquiète de l'intime supplique
ravie de la présence
s'incline docile et souple.
Enchantement

Tu visites la Terre
tu hurles de colère.
Les fleuves détournés
les forêts mutilées
les vivants désespérés.
Rompue l'alliance
l'humanité confuse.
Silence.

Tu visites ma Terre
honorée de ton souffle

bouleversée de tes avances.
Enchanté, mon être
sursaute dans la nuit
se rebute puis consent.
Oui.

Tu visites la Terre
la parcours, la sondes.
Désolées ses entrailles
fissurées ses outres
tailladées ses veines.
L'avenir… sera-t-il?
Convocation

Tu visites ma Terre.
Émue ma chair
tendue de désir
submergée de passion.
Un cri du cœur :
« Attends-nous, la Terre! »
Espérance.

« En vert » *et contre tout*

Pour la lettre **L**...

1

Notez les engagements déjà réalisés.

2

Notez les changements opérés.

3

Quels sont vos nouveaux objectifs?

Abécéterre

pour penser les relations entre les vivants de la Planète

Méditation
Marche méditative
Mousse
Mousse de polystyrène
Mai à l'œuvre
Maathai, Wangari
Mongeau, Serge
Mystère

Mots pour penser **la planète**

Méditation

La méditation est un art à découvrir, une démarche thérapeutique pour l'âme et le corps.
La danse, le chant, la musique, la marche en nature, le silence de la nuit et le jardinage ne sont que quelques sentiers qui permettent l'expérience méditative qui saisit l'âme, émeut l'être de parcelles de plénitude.

La méditation est une marche au cœur de l'essentiel!

Marche méditative

MARCHER VERS SA SOURCE

Marcher vers sa source...
Rejoindre les berges sauvages
et les terres vierges de son être,
y puiser l'audace des alternatives
pour un monde équitable.

Marcher vers sa source...
Ressentir la fierté de ses origines,

se faire jardinier, poète et peintre
de l'immensité des mondes,
de la fragilité de l'existence.

Marcher vers sa source...
Renouer avec la noblesse de sa lignée,
celle de sa tradition culturelle ou spirituelle,
pour ressaisir sa foi et transmettre une espérance.

Marcher vers sa source...
Capter l'essence de la compassion,
prêter l'oreille du cœur aux cris de détresse
se ravir des élans de bonté
et semer du bonheur à pleines mains.

Marcher vers sa source...
Résister à la force du courant dominant
et renoncer aux modes tapageuses
pour durer dans le silence jusqu'à la féconde solitude.

Marcher vers sa source...
Redécouvrir le bonheur d'une discipline de vie
qui permet tout le temps nécessaire pour mille jeux
et autant de fantaisies.

Il vaut mieux mettre son cœur dans la prière
sans trouver de paroles que de trouver des mots
sans y mettre son cœur.
Gandhi

Mousse

LA VOIX DE LA MOUSSE

Je suis la mousse
miniature jardin coloré
au creux des pierres et des sols.
Chacune de mes minuscules tiges feuillues
doit sa survie à l'ensemble que nous formons.

Vulnérable îlot de verdure
blotti contre le flanc des arbres,
j'indique le nord et c'est tout un honneur.
Résistant aux fortes chaleurs,
j'assure à l'humus sa vitale ration d'eau
et sa part d'ombre.

Microcosme de mutualité et d'harmonie
le fragile peuple de la mousse
t'invite à la contemplation du miracle de l'humanité
et à ses multiples connexions avec l'invisible.

Terre à **terre**

Mousse de polystyrène

Une invitation t'est lancée afin de bannir l'utilisation de la mousse de polystyrène sous forme de vaisselle, de verres, de plateaux pour aliments-minute, viande ou œufs.

Les remplacer par de la vaisselle et des verres réutilisables.

Terre à **célébrer**

Mai à l'œuvre

Fête internationale
des travailleurs et travailleuses : 1er mai

Prendre le temps de reconnaître et d'honorer le travail des personnes qui contribuent à tous les services dont vous êtes le ou la bénéficiaire dans une journée!

Considérer également votre contribution, votre engagement, votre travail quel qu'il soit.

Prendre connaissance du collectif Mai à l'Œuvre :

Mai à l'Œuvre fait mémoire des luttes ouvrières menées dans le monde entier depuis 1880. Ses principes sont notamment :

- d'utiliser la culture comme pont entre les organismes ouvriers, immigrants et le mouvement syndical;
- de tisser des liens internationaux pour des luttes de justice sociale et économique.

www.mayworksmontreal.org

> L'humanité est un grand nœud sacré où s'entremêle
> la grande corde qui relie tous les vivants.
> *Jean Proulx*

MAATHAI, Wangari

Cette femme africaine est la première de ce continent à obtenir un doctorat. Elle est une biologiste qui a créé un puissant réseau de lutte contre la déforestation sur ce continent en invitant chaque personne à planter un arbre. Elle fondait ainsi, en 1977, le mouvement La Ceinture verte. Pour cette militante, écologie rime avec politique. Elle a reçu le Prix Nobel de la Paix en 2004.

MONGEAU, Serge

Serge Mongeau est un Québécois qui a consacré une grande partie de sa carrière à la santé en lien avec le mode de vie. Il est l'auteur de plusieurs livres et initiateur du vaste mouvement de simplicité volontaire. Selon monsieur Mongeau, « simplifier sa vie, c'est s'organiser avec moins d'argent, pour gagner plus de bonheur et de liberté ».

 Mots tendres pour **la terre**

Mystère

La Terre comme une genèse
écrin de vies
La Terre comme un héritage
trésor d'infini

La Terre comme un antre
maison des vivants
La Terre comme un ventre
gîte des passants

La Terre comme un ancrage
enracinement de nomades
La Terre comme une encre
histoire de racines

La Terre comme une parabole
miroir de sagesse
La Terre comme une farandole
indicibles prouesses

La Terre comme une légende
mémoires enfouies
La Terre comme un conte
souvenirs inédits

« En vert » *et contre tout*

Pour la lettre **M**...

1

Notez les engagements déjà réalisés.

2

Quels objectifs voulez-vous atteindre dans...

la prochaine semaine?

le prochain mois?

la prochaine année?

Abécéterre

pour penser les relations
entre les vivants de la Planète

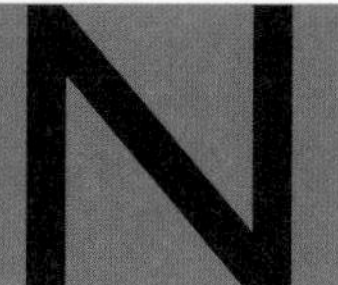

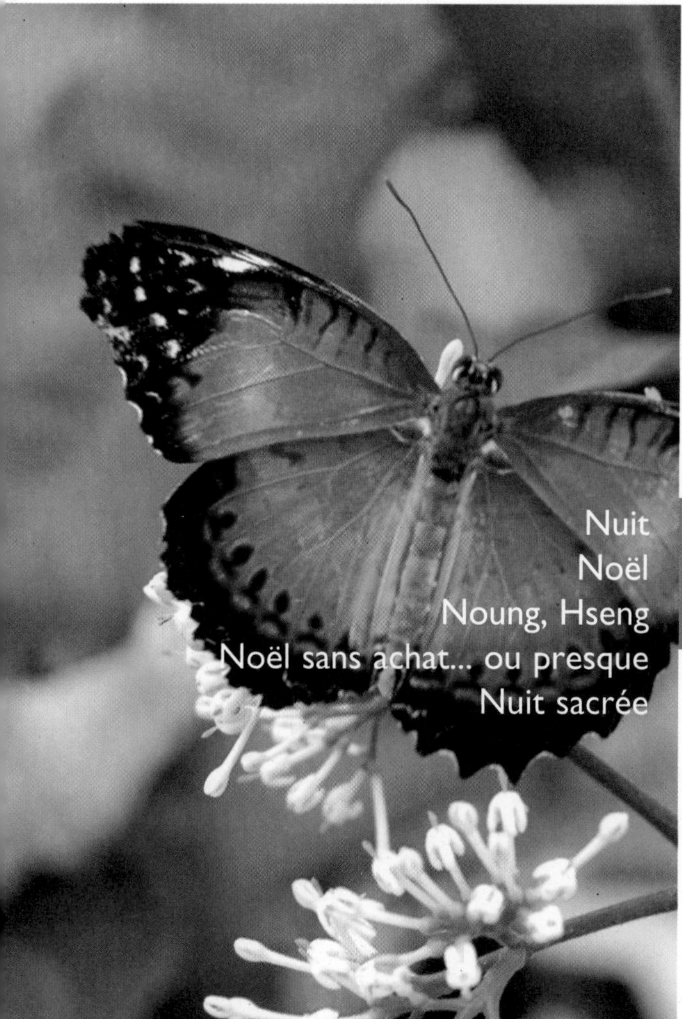

N

Nuit
Noël
Noung, Hseng
Noël sans achat... ou presque
Nuit sacrée

Mots pour penser **la planète**

Nuit

Noblesse de la nuit

Nuit de pleine lune et d'aurores boréales
nuit de voie lactée, de Grande Ourse
et de bain de minuit
nuit des possibles et des audaces
nuit des sauts dans le vide et des certitudes
comme si un filet apparaîtra.

Nuit glaciale et d'encre
nuit de doutes et de révoltes
nuits des cris étouffés par les absurdités

Nuit des pourquoi et des questions sans réponse :
pourquoi l'humanité fait-elle la guerre à la vie?
pourquoi la haine d'un peuple contre l'autre nation?
pourquoi l'acharnement à piétiner la Planète?
pourquoi le désir et le goût du sang vers?
pourquoi?

Merci pour la Nuit!
merci pour le chaos!
merci pour le désordre!
Béni soit l'insupportable!

Voici l'espace favorable pour dire : NON!

Bénie soit cette opportunité
de revenir à la clarté et à la transparence!
car alors et alors seulement revient le désir
de vivre autrement.

Dans la nuit s'enfantent les étoiles.
De l'hiver resurgit la germination.

MÉDITATION SUR LA NUIT

Une fois, c'était la nuit…

Une nuit
couleur d'encre et d'espoir enfui
sans même un fragment d'étoile comme appui.
Une nuit
direction dérive et virage imprévu
sans l'ombre d'une ancre pour un rêve déçu.
Une nuit
solitude insensée et cœur traqué
sans le moindre repère pour une âme égarée.

Une fois, c'était le vol de nuit… dans ma vie.

Une nuit
quand se taisent les champs désertés
s'inclinent les fleurs blessées
se referment les ailes brisées
se tarissent les sèves délaissées.

Une fois, c'était l'envol d'un papillon de nuit...
dans ma vie

Une nuit
d'errances et d'absences
d'heures interminables.
Le temps en bute avec les silences
qui n'en finissent plus de se taire.

Une fois, c'était la fin des temps... dans ma vie.

Une nuit, c'était la foi... dans ma vie
une foi toute seule, au bord du vide.
une foi qui monte la garde et
guette des lueurs d'aurore
comme une semence dans la terre tiède
rêve de lumière et de grand vent.

Une fois, naquit la joie dans ma nuit.

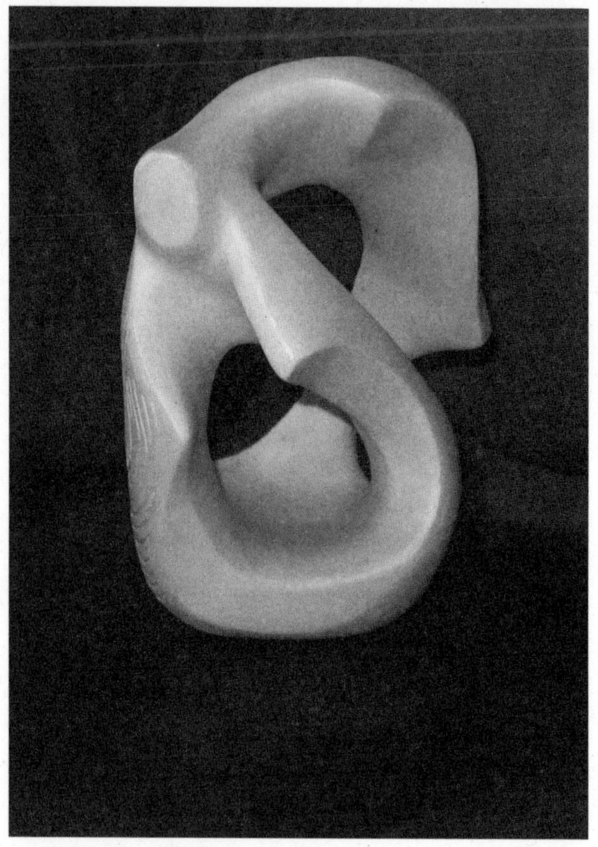

Reine Magnan, *Étreinte*, argile.

Terre à **célébrer**

Noël

Noël : un présent!

Il y a de la fête dans l'air! C'est le temps de Noël! Les airs de fête tourbillonnent à temps et à contretemps. Les présents, les cadeaux occupent un peu de notre temps et de notre espace. Le temps présent me préoccupe tout autant. Se pourrait-il que le plus beau présent à offrir cette année soit un présent à l'Humanité?

On a tenté de nous faire croire que les présents devaient avoir une valeur marchande. Comme si le plaisir de fêter, le bonheur de recevoir et d'offrir étaient reliés aux gros sous, à la surconsommation et au gaspillage d'énergie et de temps! On s'est fait passer un sapin, mais il est toujours le temps d'agir autrement. Nous avons le pouvoir et le devoir de célébrer différemment la fête de la lumière.

Comment y contribuer sinon en décidant de vivre un Noël écologique! Ainsi nous est offerte la possibilité d'affirmer notre passion pour le monde et d'honorer la création. Nous est aussi offert de retrouver le sens du présent et le souci du bien commun.

Celui ou celle qui n'a pas Noël dans le cœur
ne le trouvera jamais au pied d'un arbre.
Roy L. Smith

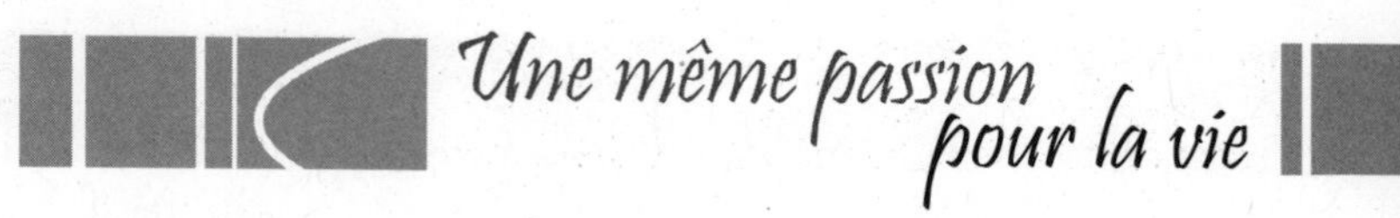

NOUNG, Hseng

À la tête de la Ligue des femmes birmanes, madame Noung mène depuis des décennies un combat pour dénoncer le viol de centaines de femmes en Birmanie. Journaliste passionnée, au risque de sa vie, elle réussit à élaborer un rapport impressionnant ~ « Permis de violer » ~ et le présente à la commission des Nations unies pour les Droits de l'homme.

On viole les femmes comme on viole la Terre! Pourquoi?

Terre à **terre**

Noël sans achat... ou presque

Pour redécouvrir le sens et les valeurs de ce moment magique! Pour retrouver un cœur d'enfant en développant sa créativité et sa fantaisie!

Décider de célébrer cette fête au lieu de la subir.
Considérer ce qui est superficiel et choisir l'intériorité.
Réinventer des rituels pour honorer le sens de cet événement.
Convenir ensemble d'un échange de cadeaux qui correspond à nos valeurs écologiques.
Fabriquer les cadeaux en faisant appel à votre créativité et aux produits locaux.
Offrir des présents non emballés, peu emballés ou emballés de manière écologique.

Visiter le site www.adbusters.org/metas/eco/bnd/xmas.php pour poursuivre la réflexion sur une fête de Noël écologique.

Cadeaux écologiques

Abonner quelqu'un à une revue environnementale.
Par exemple, le webzine environnemental FrancVert, de Nature Québec/Union québécoise de la conservation de la nature :
www.francvert.org
ou la revue Aube : www.laplumedefeu.com

Offrir une adhésion à un organisme
de défense des droits de l'eau.
Par exemple, à Eau Secours! : www.eausecours.org

Donner des agendas de militance à vos amis. Voir les
agendas Aube : www.laplumedefeu.com

Magasiner de l'artisanat et d'autres cadeaux équitables.
Par exemple à Montréal, à la boutique Dix mille villages :
www.tenthousandvillages.com
ou à Québec, à la boutique Équimonde :
www.equimonde.org

Comprendrons-nous, avant trop d'erreurs irréparables,
qu'il n'est pas possible d'aspirer à une justice entre les
humains sans tenir compte des lois de la nature,
qu'il n'est pas possible de croire en la nature
sans croire en l'humain?
Mais si fleurs, arbres et forêts sont laissés
au sort qui leur est fait aujourd'hui,
il n'y aura plus d'enfants, demain, plus d'hommes, plus de
femmes, plus personne pour sourire ou pleurer.
Pierre Lieutaghi

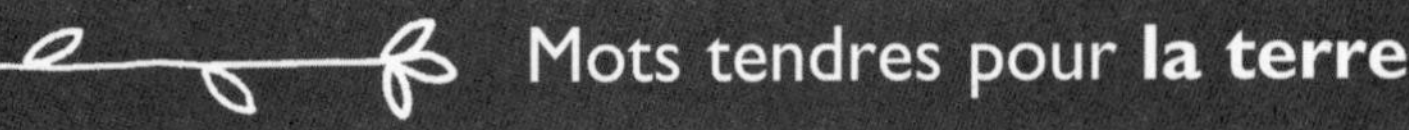

Nuit sacrée

Il neige sur mon pays du nord
Les petits rennes ne pleurent plus dans le noir
Des fées parcourent la toundra affectée
Les prospecteurs déposent les armes
Trêve… le temps d'une nuit!
Longue vie à une faune traquée
Joie à volonté

Les arbres soupirent d'aise et étalent leurs rameaux
Les verts sapins sont rois et maîtres dans la vallée
Les chasseurs de têtes déclarent forfait
Trêve… le temps d'une nuit!
Longue vie à une forêt épuisée
Paix à volonté

Les tambours des soldats se taisent
Les enfants rentrent au hameau
Pa ram pam pam pam
Des lutins montent la garde près des ruisseaux
Trêve… le temps d'une nuit!
Longue vie à des peuples assoiffés
Amour à volonté

Trois anges sont venus ce soir :
Par toi, ils enveloppent la Terre

de Joie, de Paix et d'Amour.
À toi qui dorlotes les forêts, les bêtes et les enfants
qui prêtes sa plume et sa voix à la beauté
qui offres énergie et passion à l'humanité
qui honores notre fragile planète
sans trêve
Longue vie à ton feu sacré
Bonheur à volonté.

« En vert » *et contre tout*

Pour la lettre **N**...

1

Notez les engagements déjà réalisés.

2

Notez les changements opérés.

3

Quels sont vos nouveaux objectifs?

Abécéterre

pour penser les relations
entre les vivants de la Planète

Ode à la Terre
Ozone
Oda, Mayumi
Oxygène
Ordinaire

Mots pour penser **la planète**

Ode à la Terre

à la manière amérindienne

D'EST EN OUEST ET DU NORD AU SUD

Tournons-nous vers l'Esprit de l'Est
là où jaillit l'aube chaque matin.
Demandons-lui l'énergie
et la vitalité des nouveaux défis
et la patience des recommencements.

Tournons-nous vers l'Esprit du Sud
là où se concentre l'ardeur
et s'expérimente l'intensité.
Demandons la gratitude
pour la puissance du réconfort
et la reconnaissance de l'amitié et de ses délicatesses.

Tournons-nous vers l'Esprit de l'Ouest
lieu des couchants aux mille nuances
et des bonheurs aux cent visages.
Demandons l'émerveillement
et la tranquillité du corps et de l'esprit.

Tournons-nous vers l'Esprit du Nord
lieu du repos et de l'ombre,

de la fermeté et de la solidité.
Demandons la résistance
et la persévérance pour le temps
des froidures et des ténèbres.

Que nous demeurions dans la certitude
du retour infaillible de la prochaine aurore.
Qu'il en soit ainsi
parce que nous nous engageons humblement
à faire advenir tout cela.

Terre à **célébrer**

Ozone

Journée mondiale de la protection de la couche d'ozone : 16 septembre

Avec les grandes industries polluantes et les millions de voitures qui circulent sur nos routes, les activités humaines et domestiques ont également leur part de responsabilité dans la dégradation de la couche d'ozone.

Se fixer comme objectif de passer cette journée sans utiliser la voiture ni aucun purificateur d'air de type commercial.

Se faire attentif à la qualité de l'air qui nous entoure et en reconnaître ses bienfaits.

Inviter l'entourage à cette célébration de l'air pur.

S'informer sur les impacts négatifs de l'air pollué sur la santé humaine.

L'air, c'est la vie.

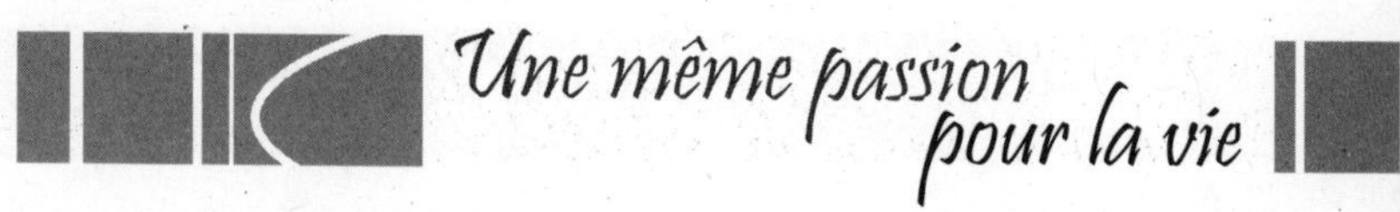

ODA, Mayumi

À Hawaï, cette artiste peintre japonaise, puise dans la tradition bouddhiste sa détermination à faire sa part pour la Planète. Elle lutte afin d'obtenir une interdiction du transfert des déchets nucléaires de pays en pays, notamment afin de bannir le plutonium au Japon. Installée sur une ferme biologique, elle initie les jeunes à l'amour de la Terre.

Terre à **terre**

Oxygène

Les désodorisants commerciaux en aérosol

Saviez-vous que lorsque vous vaporisez des désodorisants commerciaux pour chasser les odeurs indésirables, vous ne faites que les masquer?

De fait, ces « parfums » sont à base de phénol, de naphtalène, de formaldéhyde et de xylène, des substances toxiques qui paralysent la finesse de votre odorat

(Source : Protégez-vous. *Le guide du consommateur responsable*, avril 2004, p. 34.)

Alternatives :

Aérer les lieux en ouvrant une fenêtre.

Faire brûler des herbes ou des plantes odoriférantes comme le clou de girofle ou de la cannelle ou une huile essentielle à la lavande.

Renseignez-vous sur le papier d'Arménie chez votre magasin d'aliments naturels.

Faire mijoter un peu d'eau avec quelques gouttes de lavande ou de cannelle.

Offrir une place de choix aux plantes purificatrices.

Nos maisons sont saturées de produits polluants nocifs pour la santé. On les retrouve dans les tapis, les colles, les plastiques, les fibres synthétiques, etc. Nul besoin d'en ajouter d'autres!

Une façon écologique de purifier cet air est de cultiver certaines plantes particulièrement efficaces :

Palmier-nain
Palmier-dattier nain
Palmier bambou
Plante araignée
Caoutchouc
Lis de la paix
Fougère de Boston
Dracéna
Pothos
Cactus
Shefflera

Mots tendres pour **la terre**

Ordinaire

L'ordinaire
le train-train
le terre à terre
le quotidien.

L'ordinaire, celui qui a tout son temps
qui enlace l'amour au présent
L'ordinaire, celui qui se fait tiède
comme main d'enfant
qui cajole le chat et s'amuse avec le vent.
Plaisir qui enivre!

L'ordinaire, celui qui flâne
entre bougies et confidences
qui murmure en soupirs et en silence
L'ordinaire, celui qui chuchote les petits mots doux
qui fredonne au-dessus des berceaux.
Beauté qui vibre!

L'ordinaire, celui qui engage à tout instant
qui rebondit à chaque tempête
L'ordinaire, celui qui pleure les passages
qui bouleverse les trajectoires.
Pardon qui enfante!

L'ordinaire, celui qui s'obstine pour la paix

qui implore pour la terre
L'ordinaire, celui qui aime à tue-tête
qui s'enflamme pour le pain et la fête.
Compassion qui espère!

L'ordinaire, celui qui enveloppe
qui frissonne
qui s'impatiente et se tourmente
qui accompagne et abandonne.
Humanité qui façonne!

L'ordinaire, celui qui chante
qui doute
qui laboure et engrange
qui cuisine et recommence.
Fidélité qui enracine!

L'ordinaire, celui des tête-à-tête
à bras le corps
celui des cœur-à-cœur
à pleins poumons, corps et âme.
Plénitude qui enchante!

L'ordinaire, un hymne sacré
en l'honneur de la vie humaine,
celui qui brode le mystère aux points de croix
et qui faufile la routine de brins de joie.

C'est le devoir de chaque humain de rendre au monde au moins autant qu'il en a reçu.
Albert Einstein

« En vert » *et contre tout*

Pour la lettre **O**...

1

Notez les engagements déjà réalisés.

2

Quels objectifs voulez-vous atteindre dans...

la prochaine semaine?

le prochain mois?

la prochaine année?

Abécéterre

pour penser les relations
entre les vivants de la Planète

P

Mots pour penser **la planète**

Pacifisme

FAIRE LA PAIX

Faire la paix
avec intensité, inlassablement
jusqu'à déjouer les jeux de guerre
Déclarer la paix
si haut et si fortement
jusqu'à supplanter les déclarations de guerre
Partir en paix
si loin et si profondément
jusqu'à débusquer les haches de guerre

La paix connaît les accords, les règles du pardon,
le chemin parmi les larmes jusqu'au refus des affronts.
Cette sagesse au creux de nos âmes a l'âge de raison.
La paix saura faire l'amour entre les nations.

Au nom de l'air
de sa fidélité sans faille
Au nom de la mer
de ses secrets et de son corail
Au nom de la Terre
des promesses de ses entrailles

Au nom des enfants
des petits et des grands
Au nom des parents et des vivants
de tous les continents
Au nom de l'amour
toujours en travail d'enfantement
Laissez-nous la paix
au fil des âges et dès maintenant.

La violence est le baromètre de notre environnement.
Elle indique le temps qu'il fait entre les humains.
François Fournier

Prévention

Le principe de précaution
C'est un principe de sagesse
devant ce que nous ne pouvons anticiper.

C'est la décision de s'abstenir par prudence.

C'est une mise en garde face aux conséquences
à long terme de telle ou telle pratique.

Par exemple, les conséquences de l'utilisation
des téléphones cellulaires sur les leucémies
et les cancers du cerveau chez les jeunes.

Mieux vaut prévenir que guérir.

Quelle sagesse dans ce vieux dicton populaire. Et si ça commençait maintenant. Un geste à la fois!

Il est bien reconnu que la pollution atmosphérique et le smog sont grandement responsables de certains troubles respiratoires, notamment l'asthme.

Je me réjouis quand les responsables de la santé publique invitent les enfants à ne pas sortir les jours de smog intense et d'éviter les activités en plein air!

Mais…

Je rêve d'une large campagne médiatique sur la nécessité d'agir sur les causes de cette pollution : moteur qui roule au ralenti, pollution industrielle et rejets toxiques des aérosols de tout acabit.

Il est bien reconnu qu'il existe une alimentation nuisible à la santé. On reconnait également les dégâts causés par certaines substances chimiques ou certains métaux lourds retrouvés dans l'eau potable et dans la chair des poissons.

On sait que plusieurs types de cancers sont d'origine environnementale.

Je me réjouis de l'existence de la Fondation contre le cancer et des multiples téléthons pour soutenir les victimes trop nombreuses et souvent démunies.

Mais…

Je rêve de voir se mettre sur pied des mouvements pour le droit à une saine alimentation, sans OGM (organisme génétiquement modifié), sans pesticides, sans irradiation ainsi que pour l'accès à une eau de qualité.

Il est bien reconnu que le phénomène des sécheresses et des inondations à répétition sont de plus en plus destructrices et sont produites notamment par des activités humaines.

Je me réjouis quand je suis témoin d'une levée de solidarité et d'une campagne d'aide pour les victimes des tsunamis ou glissement de terrain.

Mais…

Je rêve que l'on mette en œuvre des projets de plantation d'arbres tant ici qu'à l'international pour contrer la désertification et la sécheresse, et qu'on reconsidère notre mode de production alimentaire ou l'élevage.

À tous ces défis pour la survie et la santé de la race humaine, il n'y a pas une solution, mais des solutions multiples. Elles doivent être prises dans différents secteurs et poursuivies sur une longue période de temps, et ce, sur les plans personnel, collectif et politique.

Nous devons croire à notre pouvoir personnel.

Nous devons croire à la puissance de notre influence qui peut enclencher une réaction insoupçonnée, ce que les scientifiques appellent « l'effet papillon ».

Papillon

L'effet papillon

Un battement d'aile de papillon à Paris peut provoquer quelques semaines plus tard une tempête sur New-York.

Cette image décrit l'effet papillon tel qu'il a été mis en évidence par le météorologue Edward Lorenz qui a découvert que, dans les systèmes météorologiques, une infime variation d'un élément peut s'amplifier progressivement, jusqu'à provoquer des changements énormes au bout d'un certain temps.

Cette notion ne concerne pas seulement la météo, elle a été étudiée dans différents domaines. Si on l'applique aux sociétés humaines, cela voudrait dire que des changements de comportement qui semblent insignifiants au départ peuvent déclencher des bouleversements à grande échelle.

Les scientifiques qui analysent l'évolution de nos sociétés estiment que dans le futur, les transformations sociales seront de plus en plus liées à quelques actions individuelles plutôt qu'à des phénomènes de masse.

Ceci parce que deux conditions essentielles à l'émergence de l'effet papillon sont à présent réunies. D'une part, la circulation de l'information est devenue toujours plus rapide et plus dense entre les différents acteurs de la société et les diverses parties du monde. Ceci fait que des événements auparavant isolés peuvent maintenant être reliés très rapidement. Ce qui favorise la transmission et l'amplification des changements.

D'autre part, à l'aube du troisième millénaire, les sociétés humaines sont manifestement arrivées à un point de bifurcation. Nous sommes dans une période de redéfinition complète des normes et des valeurs en matière de travail, d'économie, mais aussi de vie sociale et de rapports entre États.

Dans ce type de situation, une infime modification peut tout faire basculer.

Référence : www.pouvoir.ch/monde/main/

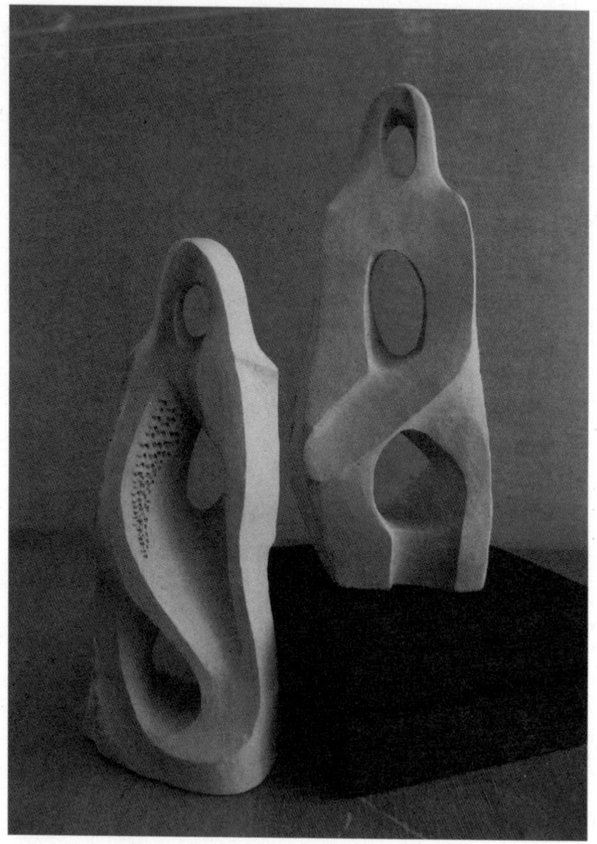

Reine Magnan, *Complétude*, argile.

Terre à **terre**

Papier recyclé

- Participer à un groupe d'achat de papier recyclé :

« Un papier écologique est à 100 % traité sans chlore, certifié écologo. Le but du groupe d'achat est de créer un marché et de faire baisser les prix pour du papier sans arbres. »

Agendas Aube : www.laplumedefeu.com

- Convaincre notre employeur, notre municipalité, notre organisme d'acheter du papier recyclé.
- Adhérer au groupe ABAT qui vise à protéger les forêts québécoises.

www.actionboréale.org

À elle seule, l'édition de fin de semaine de La Presse *nécessite l'abatage de plus de 4 000 arbres.*

Quand le dernier arbre sera abattu,
la dernière rivière empoisonnée,
le dernier poisson pêché,
alors vous découvrirez
que l'argent ne se mange pas.
Proverbe cri

Planter un arbre

Savez-vous planter des arbres?
Rituel de plantation d'arbres

Afin d'honorer tous ces arbres, nos frères qui nous nourrissent, qui purifient et rafraîchissent l'air ambiant, qui captent le CO_2, qui fournissent des matériaux de construction, qui retiennent les sols et abritent les oiseaux, je vous suggère ce rituel, à vivre seul ou avec un petit groupe.

À partir du calendrier celte ci-dessous, identifiez « votre arbre ».

Calendrier celte

Par exemple, si vous êtes né :
Le 21 mars, vous êtes du signe du chêne.
Le 24 juin, vous êtes du signe du bouleau
Le 23 septembre, vous êtes du signe de l'olivier
Le 22 décembre, vous êtes du signe du hêtre

Pommier
du 23 décembre au 1er janvier et du 25 juin au 4 juillet

Sapin
du 2 au 11 janvier et du 5 au 14 juillet

Orme
du 11 au 24 janvier et du 15 au 25 juillet

Cyprès
du 25 janvier au 3 février et du 26 juillet au 4 août

Peuplier
du 4 au 8 février et du 5 au 13 août

Cèdre
du 9 au 18 février et du 14 au 23 août

Pin
du 19 au 28 février et du 24 août au 2 septembre

Saule
du 1er au 10 mars et du 3 au 12 septembre

Tilleul
du 11 au 20 mars et du 13 au 22 septembre

Noisetier
du 22 au 31 mars et du 24 septembre au 3 octobre

Sorbier
du 1er au 10 avril et du 4 au 13 octobre

Érable
du 11 au 20 avril et du 14 au 23 octobre

Noyer
du 21 au 30 avril et du 24 octobre au 11 novembre

Peuplier
du 1er au 14 mai

Châtaignier
du 15 au 24 mai et du 12 au 21 novembre

Frêne
du 25 mai au 3 juin et du 22 novembre au 1er décembre

Charme
du 4 au 13 juin et du 2 au 11 décembre

Figuier
du 14 au 23 juin et du 12 au 21 décembre

www.calendriercelte.com

Sur la rue, dans le parc de votre quartier ou encore dans la forêt près de chez vous, repérez un arbre de la même espèce que celui qui correspond à votre date de naissance.

Observez-le afin de mieux le connaître :

- son environnement ;
- ses caractéristiques, sa taille, son état de santé ;
- les insectes ou les oiseaux qui l'habitent ;
- les arbres de cette espèce vivant dans ce secteur : leur nombre, leur emplacement.

Contemplez-le! Dites-lui que vous l'adoptez! Que vous vous engagez envers lui et son espèce en plantant son essence d'arbres. Que vous le visiterez à chaque saison.

De retour à la maison, consultez site Internet, livres, encyclopédies afin de compléter vos connaissances à son sujet. Décidez comment vous allez vous y prendre pour planter un ou plusieurs arbres afin de contribuer à sa survie. Est-ce possible pour vous de refaire cette plantation chaque année? Qui aimerait s'associez à vous dans ce rituel?

Vous devenez ainsi un acteur dans la lutte aux changements climatiques. Si vous voulez étendre votre engagement à l'échelle planétaire, vous pouvez vous associez à la campagne Adopter un arbre pour sauver la forêt amazonienne.

www.wwf.fr/campagnes/adopter_un_arbre

Je pense que je ne verrai jamais de poème
aussi beau qu'un arbre.
Joyce Kilmer

Pluie

La voix de la pluie

Je suis la pluie.
Je suis les larmes des cieux.
Portée sur les ailes du vent,
je voyage à dos de cumulus et de stratus.

Je relie ciel et terre
l'espace d'une ondée ou d'une tempête.

Je dessine l'arc-en-ciel
et signe de lumineuses alliances.

Fille des nuées, tantôt douce et parfois violente,
obéissant avec sagesse,
j'accomplis inlassablement un cycle vital.

...

La pluie rappelle ta soif de fécondité,
ton besoin de donner la vie.

PETRELLA, Ricardo

Docteur en sciences politiques et sociales et président du groupe de Lisbonne, M. Petrella est engagé dans la cause de l'eau et veut la faire reconnaître comme un bien commun au niveau mondial. Il a écrit plusieurs ouvrages dont *Le manifeste de l'eau*.

PEDNEAULT, Hélène

Mme Pedneault est une Québécoise poète et écrivaine. Elle a écrit le magnifique livre *Les carnets du Lac*. Elle est cofondatrice de la coalition Eau Secours! et *Porteuse d'eau*. Les Porteuses et Porteurs d'eau sont des artistes, des intellectuels et des scientifiques, des gens de parole qui ont à cœur le respect et la protection de l'eau et qui acceptent de mettre leur notoriété au service des objectifs et des actions d'Eau Secours!

www.eausecours.org

Les forêts précèdent les hommes et les déserts les suivent.
Auteur inconnu

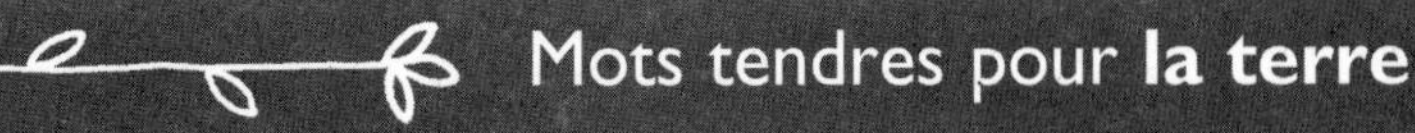

Passages obligés

À l'issue d'insondables abîmes
et d'une kyrielle de nuits et d'ennuis
tellement d'impuissance et de vide
passés, les vestiges et flétris, les souvenirs
transie, mon âme pleure en silence.
Amère incomplétude!

Au gré d'interminables détours
et d'absurdes culs-de-sac
à tourbillonner, en quête de solidité
à papillonner, en manque de fécondité.
avide, mon âme risque encore une voltige
bascule en chute libre.
Vertigineuse finitude!

Au terme d'innommables fuites
et autant d'escapades
loin des berges de ses mers intérieures
au-delà de tant de rivages interdits
assoiffée, mon âme se pose au rebord de son puits.
Incroyable solitude!

Au bout d'elle-même
et à court de souffle
elle tombe en tendresse de soi
émue de sa soif d'infini

affinée, mon âme renonce aux mirages.
Bienfaisante sollicitude.

Au rythme des passages obligés
solide et fragile
en porcelaine, mon âme reprend la mystérieuse
cadence de la vie.
Irradiée! docile!
entraînée par une musique de feu
guidée par le papillon de nuit
éblouie de lumière neuve
elle danse, ravie.
Imprévisible plénitude!

> Ce qu'il y a de plus fabuleux dans la guerre,
> c'est le recommencement. Comme si l'horreur,
> au lieu de laisser une blessure au cœur de l'homme,
> faisait des trous dans sa mémoire.
> *Pierre Foglia*

« En vert » *et contre tout*

Pour la lettre **P**...

1

Notez les engagements déjà réalisés.

2

Notez les changements opérés.

3

Quels sont vos nouveaux objectifs?

Abécéterre

pour penser les relations entre les vivants de la Planète

Quête de sens

Qualité de vie du terrain

Quintessence de vie

Mots pour penser **la planète**

Quête de sens

La vie… une question de sens, une quête.

La vie : le plus inespéré des cadeaux
quand on revient du pays de la souffrance,
de la maladie et de la mort.
La vie… une chance!

La vie : le plus magnifique des clins d'œil
quand elle s'offre dans une main tendue
sur un front angoissé.
La vie… une danse!

La vie : la plus touchante des innocences
quand elle emprunte les traits d'un enfant
ou se déguise en clown.
La vie… un mystère de créativité!

La vie : la plus habile des magiciennes
quand elle enfante des sapins,
des chênes spectaculaires ou des étoiles dans la mer.
La vie… un miracle!

La vie : la plus virtuose des artistes
quand elle manigance de savants tableaux
dans lesquels s'agencent errances et alléluias.
La vie… une œuvre d'art!

La vie : la plus grande des musiciennes
quand elle compose des symphonies
ponctuées de noir, de silence et de soupirs.
La vie... une mélodie!

La vie : le plus bel hymne d'amour
quand on décide de l'entonner
beau temps mauvais temps.

La vie... une quête!

Utilisez tous les talents que vous avez.
La forêt resterait silencieuse
si seuls chantaient les oiseaux
qui chantent le mieux.
Auteur inconnu

Terre à **terre**

Qualité de vie du terrain

Garder la pelouse à une hauteur de cinq à huit centimètres. L'herbe haute retient mieux l'humidité et lui procure la vitalité nécessaire pour affronter les heures torrides des jours d'été.

Récupérer l'eau de pluie pour arroser fleurs et potager.

Aménager une bande de végétation naturelle aux abords des cours d'eau. Celle-ci servira de filtre aux eaux de ruissellement souvent chargées de métaux ou de matières polluantes.

Utiliser le compost, un excellent engrais naturel.

Algues bleues ou cyanobactéries

Proscrire l'utilisation d'engrais chimiques. Ils génèrent énormément de phosphate qui favorise la croissance des algues bleues ou cyanobactéries nocives aux eaux des lacs et des cours d'eau.

Reine Magnan, *En quête de silence*, argile.

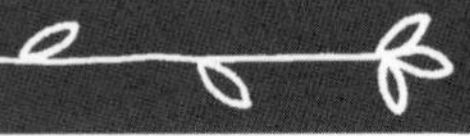

Mots tendres pour **la terre**

Quintessence de vie

De chenille et cocon
papillon de nuit
réforme et transformation
amour de libération
RÉSURRECTION

De terre obscure et de passion
de lumière et de mystère
clair de lune
hôte de l'ombre
CONTEMPLATION

De pissenlit têtu et de béton fendu
fourmis de ruelles
rupture de structures
humanité et équité
INSURRECTION

De fleuves et de tourbillons
de glace et d'embâcle
de ration et d'indignation
d'audace et de résistance
LIBÉRATION

De mères et de rejetons
mains et cœurs usés à la corde

miséricorde
créativité et tendresse
COMPASSION

D'arcs-en-ciel et de gratte-ciel
de luttes et de victoires
du couchant au levant du soleil
passion et fécondité
MISSION

« En vert » et *contre tout*

Pour la lettre **Q**...

1

Notez les engagements déjà réalisés.

2

Quels objectifs voulez-vous atteindre dans...

la prochaine semaine?

le prochain mois?

la prochaine année?

Abécéterre

pour penser les relations entre les vivants de la Planète

Recevoir et donner
Reconnaissance
Réconfort
Réutiliser
Réduire
Rosée
Respecter les forêts anciennes
Rahbi, Pierre
Reeves, Hubert
Retour à la terre

R

Mots pour penser **la planète**

Recevoir et donner

Recevoir la vie
donner du souffle

Recevoir l'amour
donner du sens

Recevoir la gratitude et la présence
donner du temps

Recevoir l'espoir
donner la fête

Recevoir l'inespéré
donner l'abondance

Recevoir la vérité et le mystère
donner sa confiance

Recevoir le pain
donner la semence

Recevoir la Terre
donner au suivant!

Recevoir et donner :
Un unique mouvement

en deux temps
pour rythmer nos amours
et transposer nos rivalités
pour vivre nos connexions
en mode de complicité.

Recevoir
Ouverture du cœur

Donner
Élan de gratitude.

Recevoir et donner
Unique mouvement
en deux temps
pour composer
une œuvre d'Humanité
à portée cosmique.

Reconnaissance

Méditation pour vivre en état de reconnaissance

Il y a l'harmonie dans une relation quand s'établit un équilibre entre le « recevoir » et le « donner ».

Le chaos actuel dans notre univers galactique ne vient-il pas d'un tel déséquilibre? L'humanité s'entête à prendre, à piller, à s'approprier les richesses de la nature, et que lui apporte-t-elle en retour? Il en va ainsi dans l'ensemble des connexions qui existent entre les vivants, ce qui suscite des relations de violence, de domination et d'exclusion.

S'entraîner à vivre en état de gratitude contribue à rétablir des rapports égalitaires.

Exercice
pour s'entraîner à vivre en état de gratitude et rétablir des rapports égalitaires :

Faire la liste…
   de tout ce que vous avez REÇU de la Terre aujourd'hui
   et de tout ce que lui avez DONNÉ.

Qu'en est-il de l'équilibre entre les deux mouvements?

> La reconnaissance est la mémoire du cœur.
> *Hans Christian Anderson*

Réconfort

Le réconfort

Nous réconforter les uns les autres,
c'est nous faire proche
afin de nous communiquer un peu de force
dans les heures de tempête.

Nous réconforter,
c'est mettre en commun
nos miettes d'espérance,
nos parcelles de tendresse,
nos lueurs de foi et
nos brindilles de paix.

Nous réconforter,
c'est faire silence pour porter l'autre
dans ses cris et ses doutes,
c'est offrir une présence aimante
pour accueillir l'autre dans ses brisures.

Nous réconforter,
c'est être là avec son cœur, son âme,
sa propre vulnérabilité.
Nous réconforter,
c'est être tout simplement disponible
le temps que l'autre retrouve son souffle, ses forces
et l'espoir au bout du tunnel

Réutiliser

Opter pour le jetable ou le durable?

Réutiliser, c'est prolonger la durée de nos biens, vêtements, souliers, meubles, outils et voitures.

Qu'ont en commun les filtres en papier, les serviettes de table jetables et les rouleaux essuie-tout?

Eh bien! Ils sont tous fabriqués à partir du papier.
Et qui dit papier dit arbre!

Quand vous privilégiez des produits réutilisables comme le filtre à café permanent, les serviettes de table et des chiffons en tissu, vous faites un choix éthique en faveur de la préservation des forêts.

Les forêts, c'est un bien commun menacé.

Ou encore : qu'ont en commun les rasoirs jetables, les bottes de pluie, le rideau de douche, les sacs en plastique et... la gomme à mâcher?

Tous contiennent du pétrole.

Donc quand vous achetez un rasoir durable, que vous réparez vos bottes et le rideau de douche, vous posez un geste à portée planétaire.

Quand vous remplacez les sacs en plastique par des contenants de conservation, vous réduisez la dépendance au pétrole.
Le pétrole, c'est une fragile ressource en voie de disparition.

Réutiliser, c'est réparer, transformer, c'est bricoler et créer des solutions durables pour vos objets.

Réutiliser, c'est choisir entre le long terme et le court terme par souci des générations futures dont font partie vos enfants et vos petits-enfants.

Réutiliser, c'est prendre soin du précieux des choses et de la vie.

Réutiliser, c'est choisir entre le durable ou le jetable.

Consulter le *Guide du réemploi* : www.reemploi.org

Réduire

Réutiliser et recycler, c'est bien... réduire c'est mieux!

Nous produisons trop de déchets, nos dépotoirs sont remplis à craquer et sont une menace environnementale.

Nous devons donc viser à produire de moins en moins de déchets. Alors que faire?

En tout premier lieu, un grand principe.

- Avant chacun de nos achats, nous poser la question :

En avons-nous vraiment besoin?

Cet état d'esprit est développé dans la démarche
de simplicité volontaire.
www.simplicitevolontaire.org

- Utiliser son savoir-faire en cuisine, en couture et en bricolage au lieu de toujours acheter de nouveaux accessoires ou des produits suremballés.

- Fabriquer son compost réduit de 40,8 % la quantité de déchets de votre poubelle.

- Privilégier les produits en vrac dont les emballages sont réduits au maximum.

- Utiliser vos sacs en toile pour tous vos achats : quincaillerie, pharmacie, etc.

- Constituer des groupes d'échanges de vêtements, de jouets, d'articles de sport ou participer à ceux qui existent déjà.
- Fréquenter la bibliothèque municipale pour y emprunter des livres, des CD et autres documents audiovisuels.
- S'associer à une ou deux personnes pour un abonnement collectif de vos journaux et revues.
- Emprunter entre voisins certains outils ou instruments de jardinage, de bricolage.

Depuis 40 ans,
la quantité de produits emballés a augmenté de 80 % au Québec. Pour inciter les consommateurs à acheter leurs produits, les entreprises dépensent annuellement, tous secteurs confondus, 1 400 milliards de dollars, ce qui correspond à 70 % de la dette de tous les pays du tiers-monde.

La Terre dans votre assiette, vol. 2, p. 4.
Trousse d'animation conçue par un collectif
dont Environnement Jeunesse, Oxfam et Équiterre.

Consentir à ces simples ajustements, c'est :

Réaffirmer son engagement personnel et son pouvoir collectif envers la Terre;

Réinventer un mode de vie respectueux des ressources naturelles;

Enchanter l'existence des générations futures en laissant une Terre en bon état;

Intégrer le sens du sacré dans nos vies, nos habitudes, nos achats;

Influencer positivement l'entourage par la pertinence de nos choix écologiques;

Rejoindre tout un mouvement planétaire déjà engagé dans la protection de l'environnement;

Retrouver sa liberté personnelle devant les illusions prônées par les différentes publicités;

Embellir notre coin de planète et l'humanité à coup de petits gestes réfléchis;

Développer notre conscience écologique et ainsi entrer dans la grande chaîne de **l'écocitoyenneté**.

Réduire : une question de gros bon sens et de grand cœur. Un choix éthique pour l'amour de nos enfants et de nos petits-enfants.

Rosée

La voix de la rosée

Je suis la rosée
témoin de l'éphémère
enfantée par la nuit
en minuscules coupoles gorgées de silence
je suis la sueur du ciel.

À l'aube et au crépuscule
en léger fragment de lumière
je m'étale furtivement
sur la dentelure des herbes folles de fierté.

...

Symbole de bénédiction céleste,
la rosée célèbre la grâce, la beauté silencieuse.
La rosée interroge tes soifs de quiétude et d'infini.

Elle t'invite à l'émerveillement
devant la complexité secrète des êtres et des choses.

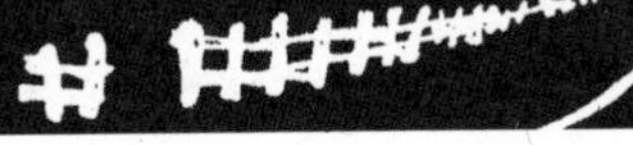

Terre à **terre**

Respecter les forêts anciennes

Se procurer et distribuer le guide sur les papiers à usage sanitaire écolos.

Les essuie-tout, papiers hygiéniques et autres mouchoirs de quelques 150 marques sont classées en différentes catégories selon qu'ils sont ou non des produits respectueux de l'environnement.

Le guide est conçu par Greenpeace :

www.greenpeace.ca/papiers/

RAHBI, Pierre

Pierre Rabhi est un Français passionné qui croit ardemment à l'importance de l'autonomie alimentaire pour une survie de l'Humanité au Nord comme au Sud. Par son mode de vie d'abord, et par de vastes programmes de formation, il plaide en faveur de la réconciliation avec la Terre.

REEVES, Hubert

Astrophysicien, écrivain et vulgarisateur scientifique de renommée internationale, M. Reeves ne cesse de nous rappeler que si les humains continuent de malmener ainsi la planète en faisant disparaître des espèces, l'humanité se dirige vers un changement majeur d'ère géologique.

Retour à la terre

En des pays de cendres
je traînais ma soif
en quête de moi
On m'avait dit et
j'ai cru que c'était le lot de la vie.
Je reviens en ma terre
une terre d'incroyable fertilité
aux fécondités surprenantes.

En des pays de désolations
j'errais vêtue de haillons
de peine et de misère
On m'avait enseigné et
j'ai cru que c'était mon juste sort.
Je reviens en ma terre
une terre d'étrange beauté
aux parures royales garnies de franges d'or.

En des pays de froidures
je quémandais des miettes de bonheur
frileuse et timide
On m'avait conté et
j'ai cru que tout se payait.
Je reviens en ma terre
une terre d'inépuisable tendresse
aux allures de gratuité.

En des pays de chaos
j'enfouissais les murmures de mon âme
éprise d'harmonie.
On m'avait convaincue et
j'ai cru qu'il valait mieux être sage.
Je reviens en ma terre
une terre d'exquise musique
aux éclats de rire et de rondes folles.

En des pays d'aridité
je trimais dur à colmater des brèches
en mal de beauté.
On m'avait promis et
j'ai cru que la perfection était un sommet.
Je reviens en ma terre
une terre de mystérieuse intériorité
aux eaux vives et souterraines.

Je rentre chez moi!
Héritière d'une terre promise et primordiale
alliance au doigt et parfumée de joie nouvelle
imbibée de création.
Ma terre est une Maison de Lumière.

« En vert » et contre tout

Pour la lettre **R**...

1

Notez les engagements déjà réalisés.

2

Notez les changements opérés.

3

Quels sont vos nouveaux objectifs?

Abécéterre

pour penser les relations entre les vivants de la Planète

S

Silence
Semence
Savon de Marseille
Sacs en plastique
Source
Shiva, Vandana
Smeeters, Edith
Saisons de feu

Mots pour penser **la planète**

Silence

Silence... on tourne!
On tourne
Comme au ralenti se déroule un aperçu de l'avenir
au super écran de la Planète
Les éléments se déchaînent
passent et repassent les drames d'humains
et les mélodrames des bêtes
Nos yeux se détournent
les absurdités s'enchaînent.
Silence, on tourne en rond.

Silence... on crie!
On crie
comme de détresse et d'impuissance.
La Terre tremble, suffoque, gémit,
étouffe, craquelle, agonise.
La Terre s'en retourne… et nous entraîne dans sa tourmente.
Silence, on crie au secours!

Silence... on s'éteint
On s'éteint
comme à petit feu
Au pays des glaces, la vie se morfond
sur les terres d'en haut, on touche les bas-fonds.
Silence... on s'éteint à petit feu.

Silence... on espère!
On espère
comme s'il y avait de l'avenir
comme s'il était encore temps
de renaître de nos cendres
d'entretenir une Terre sans leurre
d'amorcer une ère sans terreur.
Silence... on espère de tout cœur
un sursis et un sursaut.

Silence... on rêve!
On rêve
comme des prodigues en route vers la maison.
Tant de forêts à jardiner
tant d'enfants à cajoler
tant de rivières à adopter
tant d'espèces à protéger
tant d'humanité à restaurer.
Silence... on se lève.
Silence... on rêve de beauté.

Semence

La voix de la semence

Je suis la semence.
En apparence inerte et fragile,
je suis la vie en forme de promesse.

Gonflée de rêve et porteuse d'avenir,
je suis gardienne du patrimoine génétique de la Planète.

En alchimie avec le sol,
je vis le mystère des cycles de transformation.

Grâce à mes complicités avec le temps,
je connais les règles du « qui perd gagne ».

Signe d'espérance,
le monde des semences t'offre son réconfort
au long des passages obligés.

Expérimentées en matière de froidure et de nuit,
les semences t'invitent à la patience et
à la persévérance.

Le peuple des semences prend corps en toi et devient blé ou millet.

Il te fait le gardien et la gardienne du pain quotidien.

Terre à **terre**

Savon de Marseille

Le savon de Marseille est un savon 100 % végétal composé d'huile d'olive et de soude.

On le trouve dans des boutiques d'aliments naturels et peut remplacer efficacement la majorité des produits d'entretien ménager.

Sacs de plastique

Remplacer vos sacs en plastique par des sacs en toile réutilisables presque à l'infini.

Se procurer des sacs écologiques dégradables par bioassimilation.

Ils se dégradent dans les 12 mois environ selon les conditions d'exposition.

Sacs biodégradables : www.natursac.com

Le sac en plastique
1 minute pour sa production
20 minutes d'utilisation
400 ans environ pour sa décomposition.

Quelque 36 millions sont utilisés au Québec chaque semaine.

Il faut que la souffrance nous apprenne quelque chose.
Qu'elle soit une clé et non un mur.
Marie Laberge

Source

LA VOIX DE LA SOURCE

Je suis la source.
Emmagasinée depuis des millénaires
dans les veines de la terre.
Je surgis en eau cristalline, gratuite et généreuse.

Pure et discrète,
émergeant des nappes phréatiques,
je suis la sève des vivants.

Joyau unique du patrimoine mondial,
j'appartiens au bien commun.

Symbole de l'Énergie vitale et créatrice,
je te convoque au pèlerinage vers ta propre source.

...

La source fait appel à tes soifs d'équité.
Elle t'invite à l'insurrection
au nom des terres menacées par les sécheresses
des enfants et des arbres
déshydratés d'amour, de soins.

SHIVA, Vandana

En Inde, cette physicienne écologiste a créé la Fondation de recherche pour la science, la technologie et l'écologie afin de contrer l'exploitation forestière et le pillage des ressources par les multinationales. Elle est également fondatrice de Navdanya pour combattre l'application du génie génétique aux semences et aux denrées alimentaires. Elle a ainsi sauvé le riz basmati de la mainmise d'un brevet américain.

SMEETERS, Edith

Biologiste de formation et présidente fondatrice de la Coalition pour les alternatives aux pesticides. Grâce à son travail acharné, un nombre grandissant de municipalités au Québec interdisent maintenant l'utilisation des pesticides sur les terrains résidentiels.

Mots tendres pour **la terre**

Saisons de feu

Craquement, étincelle, souffle.
Naissance du feu.
Le voilà épris de brindilles et de copeaux
qui s'enflamment pour lui.
Entends-tu pétiller son cœur
et claquer ses voiles lumineuses?
Le vois-tu s'attiser et rougir de plaisir?

Il embrase l'écorce jeune
qui se répand en flammèches dorées.
Ne font plus qu'un, à la vie à la mort!
communion ultime
matière en fusion
chaleur à profusion
L'arbre devenu feu.
Feu l'arbre!

Dans une folle envolée d'ombres
et de lueurs bleutées
leurs vies s'enluminent et se racontent.
Surgissent les géants et les loups
s'entremêlent les profils et les rêves fous.

Liés et puissants,
ils s'emparent de la nuit qui recule,
et dévorent le froid qui capitule.

Dans une intense rumeur, corps et âme se
consument.

Au gré de la mystérieuse métamorphose,
en incandescence,
l'aubier chantonne sous les flammes agitées,
livrant sa vie en éclats de joie.

Puis se refroidissent les ardeurs
et se calment les élans.
Le feu sommeille, s'endort.
Tiédeur enveloppante de la braise qui expire.

Repus de lumière, les tisons s'apaisent.
Grisées, les cendres les enveloppent tendrement.
Elles veillent, en attendant...

« En vert » *et contre tout*

Pour la lettre **S**...

1

Notez les engagements déjà réalisés.

2

Quels objectifs voulez-vous atteindre dans...

la prochaine semaine?

le prochain mois?

la prochaine année?

Abécéterre

pour penser les relations entre les vivants de la Planète

T

Mots pour penser **la planète**

Tendresse

> Soyez tendres avec la terre.
> *Le Dalaï lama*

Quand la science se met à l'écoute du vivant, elle constate son besoin primordial de tendresse.

Que ce soit l'eau, les plantes ou les humains, chaque espèce est menacée par les mauvais traitements. Par contre, son développement s'harmonise lorsqu'elle est considérée avec douceur et respect.

Qui n'a pas vu s'étioler une plante, faute d'attention et de bons soins?

Or, comme nous le savons maintenant, l'eau occupe une proportion située entre 70 % et 80 % dans la masse de la planète, des humains ou des végétaux. En aimant tous les êtres autour de nous, nous influençons positivement les molécules d'eau dont ils sont constitués. Nous créons l'harmonie! Nous sommes l'eau!

Réalisez-vous comment nous pourrions changer le monde en traitant chaque être vivant avec tendresse!

Imaginez l'immense pouvoir de guérison de la Terre par la tendresse.

« Les découvertes du Docteur Emoto révolutionnent notre vision de l'univers. Utilisant les prises de vue à vitesse ultrarapide, le Dr Masaru Emoto s'est aperçu que les cristaux d'eau formés par le gel révèlent la transformation subie par l'eau lorsque des pensées spécifiques et convergentes sont dirigées vers elle.

Il a découvert que l'eau de source et l'eau exposée à la vibration de mots bienveillants laissent apparaître des formes brillantes, complexes et colorées, rappelant les motifs des flocons de neige.

Inversement, l'eau polluée et celle qui a été exposée à des pensées négatives produisent des motifs incomplets, asymétriques, aux couleurs ternes.

Les implications de cette recherche entraînent une nouvelle conscience de l'impact positif que nous pouvons avoir sur la Terre ainsi que sur notre santé. »

http://www.masaru-emoto

Temps

Le temps

Le temps!
Laisse-moi du temps!
Je n'ai pas le temps!
Comme le temps passe!

Je vous souhaite de prendre le temps
pour apprendre la vie

Prendre le temps
pour surprendre l'amour

Prendre le temps
pour comprendre la mort

Prendre du temps
pour le suspendre jusqu'à longtemps.

Prendre le temps d'estimer le temps...

Mesurer le temps autrement qu'en minutes,
en jours ou en générations
mesurer le temps autrement
qu'avec un calendrier ou un agenda
mesurer le temps autrement
qu'au quartz ou avec des cloches

Évaluer une journée à l'aune
des éclats de rire entendus
en nombre de nuages ou de gambades de chatons
en finesses d'enfant et en délicatesses de collègues
en vols de papillons sur une talle d'épervières
en pissenlits émergeant du béton de la ruelle
en ribambelles de sourires à des passants anonymes
en courtoisies reçues ou offertes à pleines mains.

Prendre le temps d'aimer être et d'aimer vivre,
ici et maintenant
en ce bel avenir qu'est cet aujourd'hui!

Territoire

Méditation sur l'appartenance à la terre

La terre est notre territoire,
Nous sommes la Terre.
La Terre est une interminable chaîne de vivants
et une immense collectivité.
Toutes les espèces forment ensemble
un GRAND NOUS...

Nous sommes dépendants les uns des autres.
Nos destinées sont liées :
c'est une question de vie et de mort!
En constantes interconnexions
avec le microscopique et le galactique.
Si la terre gémit, nous gémissons!
Nous aspirons à la libération : la nôtre et la sienne.

La Terre a besoin d'être habitée
par des êtres renouvelés et conscients.
La Terre a besoin d'être renouvelée
par des êtres habités.

Nous avons besoin d'être renouvelés par la Terre.
Nous devons nous sentir habités par la Terre.

Nous coller à la Terre est un chemin privilégié pour apprendre comment passer de la consommation à la communion.

Seule la communion avec la Sagesse créatrice de vie en nous, dans les autres et dans la création peut nous enseigner comment vivre en équilibre les uns avec les autres.

Terreau

La voix du terreau

Je suis le terreau.
Je suis la chair de la Terre.
Je suis la couche protectrice et la peau de la Terre.
Je suis une matière brunâtre et vibrante d'activités.
Un espace sacré où s'enracine la vie végétale et féconde.

Dans le silence de l'ombre, j'enfante les minéraux,
j'abrite les insectes et je purifie l'eau.
Je porte bien mon nom d'humus, car je suis d'humilité, de profondeur et de densité.

...

Ce lieu unique que tu foules de tes pieds
est une maison à partager
avec des milliards d'autres vivants.
Tu es l'hôte de cet habitat précieux.
Il t'est confié comme terre d'accueil
de ton premier souffle jusqu'à ton dernier repos.

Le terreau donne vie dans l'intériorité.
Il t'invite à marcher vers ton centre sacré
et à consentir à ton mystère.

L'humus t'invite à rejeter toute forme
de violence et d'abus
envers les plantes, les animaux et les personnes.

Le terreau compte sur ta compassion
pour utiliser les richesses de la Terre Mère,
ce précieux héritage des générations futures.

La Terre a besoin de toi pour guérir.
Tu es invité, homme ou femme, à la tendresse pour
contrer le terrorisme qui sévit sur la Planète.

Terre à terre

Rituel

C'est à un voyage au cœur de la Terre auquel je vous invite. Une rencontre d'une parcelle de terre qui vous appelle, là derrière chez vous ou au parc.

Repérez un espace d'un mètre cube.

La profondeur de la terre étant souvent une dimension à laquelle on s'attarde peu et qui abrite le monde invisible, là sous nos pas!

Prenez le temps de marcher dessus calmement, en sentant bien le terreau, l'humus sous vos pas. Explorez cet espace avec vos 5 sens : palper, entendre, humer, regarder, goûter, s'y allonger, s'agenouiller, s'asseoir.

Faites corps avec la vie de cette terre.

Prenez tout le temps nécessaire pour établir un contact intime avec ce coin de terre.

Vivez, pour un moment, en cœur-à-cœur avec elle.

Qu'est-ce que ce moment d'intimité avec la terre éveille en vous?

Que voulez-vous retenir de cœur à cœur avec votre terre d'accueil?

Quelle sorte d'appartenance ressentez-vous?

De quoi prenez-vous conscience?

Avec qui voulez-vous revivre ce rituel?

Descendre de plus en plus,
toujours vers l'endroit où il n'y a plus rien
et peut-être que là
on découvre un grain de sable
qui au fond représente la seule chose qui importe...
Karlfried Graf Dürckheim

Terre à **terre**

Toilette

Suggestions pour une bonne utilisation des toilettes

S'abstenir de jeter des ordures dans la toilette. Les mégots, les couches en papier, la soie dentaire, les applicateurs de tampon en plastique, les condoms et autres objets du genre peuvent susciter des difficultés à la station d'épuration ou engorger votre fosse septique.

À retenir : tout ce qui passe par les toilettes et l'évier se retrouve nécessairement un jour ou l'autre dans un cours d'eau, dans une rivière et dans la mer.

Remplacer une toilette consommant 18 litres d'eau par un modèle très performant à ultra bas volume (UBV) qui en utilise 6 litres : la consommation d'eau sera réduite de 70 pour cent.

Une toilette qui fuit peut entraîner la consommation inutile de 200 000 litres d'eau par année. Vérifier la vôtre aujourd'hui. Laissez tomber deux ou trois gouttes de colorant alimentaire dans le réservoir de la toilette et attendez quelques minutes. Si la couleur apparaît dans la cuvette, votre toilette souffre d'une fuite d'eau.

Source : www.eausecours.org

Reine Magnan, *Reliance*, argile.

Terre à **célébrer**

Terre

Jour de la Terre : 22 avril

Aujourd'hui célébré dans plus de 185 pays, le Jour de la Terre fut souligné pour la première fois en 1970 par des étudiantes et des étudiants américains.

Par toutes sortes de gestes, de projets de protection et d'embellissement, manifester notre reconnaissance à la Terre qui nous porte et nous nourrit.

Le site de Nicolas Hulot vous fournira une multitude d'engagements pour honorer la Planète durant cette journée avec votre famille et votre entourage.

www.defipourlaterre.org

Souciez-vous en quittant ce monde, non d'avoir été bon, cela ne suffit pas, mais de quitter un monde bon.
Berthold Brecht

THOMAS, Réjean

Médecin québécois, fondateur de Médecins du monde. Un homme qui se donne sans compter pour combattre le VIH-Sida ici et dans les pays brutalement atteints par ce fléau, notamment en Haïti et au Zimbabwe.

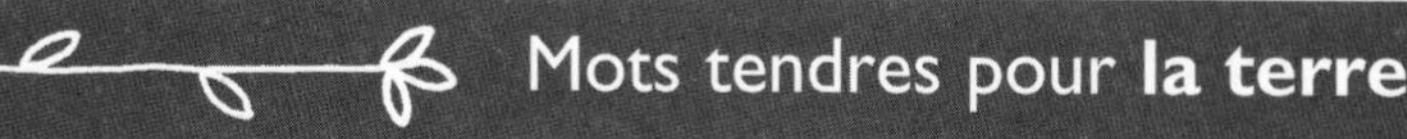

Mots tendres pour **la terre**

Tant de temps

Quelquefois tu sculptes les visages et les pierres
parfois tu teintes la sagesse couleur argent
souvent en ta compagnie, l'âge vaut son pesant d'or
toujours de ton passage tu laisses des traces
jamais tu n'épargnes les choses et les gens.

Quelquefois on t'accuse
et on tente même de te tuer
parfois on te compte et on te raconte
souvent on te mesure et on essaie de te prédire
toujours c'est de la peine et du vent
jamais de répit, tendu vers l'avenir.

Quelquefois tu presses le pas... l'espace d'une fête
parfois tu ralentis ton rythme au gré du bonheur
souvent devant la peine, tu sembles t'arrêter
toujours tu reprends ta route, tu files, entêté
jamais tu ne te laisses empoigner.

Quelquefois tu déjoues le jeu des savants
parfois tu récompenses les sages, les enfants
souvent tu es douce présence, tout en patience
toujours tu bats la mesure de nos vies
jamais de cesse à tisser
nos histoires de filaments d'infini.

Sans toi, nulle beauté n'est perceptible
sans toi, nulle intériorité n'est possible
sans toi, nul silence n'est audible.

Grâce à toi naissent le papillon et la rose
grâce à toi se côtoient la tendresse et la prose
grâce à toi justice et paix s'imposent.

À temps et à contretemps
avec amour et pour la vie
tu brodes la jeune humanité
d'un fil d'éternité.

« En vert » *et contre tout*

Pour la lettre **T**...

1

Notez les engagements déjà réalisés.

2

Notez les changements opérés.

3

Quels sont vos nouveaux objectifs?

Abécéterre

pour penser les relations entre les vivants de la Planète

Unis vers...
Urbanité
Uwimana, Suzanne
Union paysanne
Une grande dame... la vie!

Mots pour penser **la planète**

Unis vers...

Notre univers est un monde de forêts et d'eau.
Enfants de l'eau et des forêts!
Filles et fils de l'Univers!
Gens d'ici et d'ailleurs!
Peuples d'aujourd'hui et de demain!
Habitants d'une Planète menacée!
Au nom des enfants de ce siècle
et de ceux des générations futures,
entendez mon cri pour l'eau!
L'eau est en danger ici au Canada
comme partout sur la Planète.

Entrer dans l'univers de l'eau : la connaître, la protéger!

Sur la Terre, on retrouve passablement la même quantité d'eau qu'il y a 4 milliards d'années. Nous buvons l'eau dans laquelle pataugeaient les dinosaures!

L'eau est une denrée rare, irremplaçable, fragile, indispensable!

Tous les êtres vivants en sont constitués en large part et en dépendent pour survivre!

Le corps de chaque être humain adulte
est composé d'environ 42 litres d'eau
soit environ de 70 à 80 % de sa masse corporelle.
En deçà de cette quantité, c'est la santé qui est fragilisée.
La Planète est recouverte environ de 70 % d'eau.
Près de 0,2 % seulement est potable.
Pour ce qui est du reste, elle est contenue
dans les océans sous forme d'eau salée ou souterraine,
en encore inaccessible dans des lieux
comme les glaciers et les vapeurs d'eau,
les nuages ou encore la végétation.

Responsabilités relatives à l'eau embouteillée

L'utilisation de l'eau pour nos besoins personnels détermine la quantité d'eau que devront fournir les systèmes publics. Pensons à l'eau potable, l'eau pour la fabrication des produits, l'eau pour les soins de propreté, l'eau pour l'agriculture, l'eau pour l'élevage des animaux, etc. Mais pensons également à l'électricité. L'électricité mal gérée, c'est aussi de l'eau gaspillée. C'est la loi du marché, celle de l'offre et de la demande. Plus les gens en demande, plus on en fournira.

Nous connaissons bien la suite : multiplication d'usines de filtration, augmentation de la production de produits d'assainissement et risques encourus par la gestion des systèmes d'aqueduc et d'égout. Et bien entendu la construction de nouveaux barrages dans des zones nordiques déjà fragilisées par la fonte du pergélisol.

Pergélisol
Sol des régions froides
Gelé en permanence…
Avec le réchauffement du climat,
ces sols sont en train de fondre lentement.

L'eau mise en bouteille comporte de grands risques économiques et sociaux :

La fabrication des millions de bouteilles en plastiques non biodégradables et toxiques;
Le transport et la pollution de l'air, le bruit…;
La détérioration du réseau routier;
La gestion des sites d'enfouissement.

Les nappes d'eau phréatiques mal connues et mal gérées provoquent l'affaissement des sols.

La qualité et le débit de l'eau sont altérés par trop de pompage.

Les multinationales empochent des profits faramineux en vendant l'eau des bouteilles jusqu'à « 1000 fois plus cher que celle du robinet ».
Martine Ouellet de la Coalition Eau Secours!

Que deviendraient les réseaux publics d'assainissement et d'approvisionnement en eau potable si tout le monde achetait l'eau embouteillée?

Qu'adviendrait-il du sort des personnes qui ne peuvent pas se payer un tel luxe?

Et dire que l'eau est un bien essentiel à la vie. Un bien commun. Le patrimoine de l'Humanité…

Gaspiller et polluer l'eau, c'est gaspiller et polluer le « SANG de la Terre » selon la belle expression de Jacques Dufresne, philosophe québécois. L'eau appartient à l'ensemble des espèces vivant sur la Terre.

Entrer dans l'univers de la forêt : la connaître, la protéger!

Toutes nos activités sont reliées au monde minéral, végétal et animal. Chacune d'elles influence à plus ou moins long terme l'équilibre écologique. Des pressions sur un écosystème ont nécessairement des impacts sur l'ensemble des vivants.

Par l'utilisation du papier sous toutes ses modalités ~ celui que nous utilisons à la maison, à l'école ou au bureau ~ nous abattons des arbres!

Chaque feuille de papier est un morceau de forêt et de vie qui part en fumée…

La déforestation déracine des communautés autochtones en les privant de territoires de chasse et de pêche.

L'abattage d'arbres sur de grandes surfaces détruit la source de nourriture et d'abris de plusieurs espèces d'animaux et d'oiseaux. Et c'est l'exode…

La déforestation entraîne irrémédiablement, l'érosion et la désertification.

Privée de sa protection essentielle, la terre dénudée est victime des eaux de ruissellement.

Les papetières polluent les cours d'eau par l'utilisation de produits de blanchiment comme le chlore.

Le transport du bois détériore les sous-bois et les routes. Le bruit des camions et des machineries polluent l'air.

Et dire que la forêt est un bien commun, le patrimoine de l'humanité…

Au secours de l'univers de la forêt

Au nom de l'eau et des arbres de la Terre, je crie : attention! Il y a danger d'emballement des phénomènes, nous disent les savants!

La planète est ronde : les mêmes vents et les mêmes eaux la parcourent, charriant les mêmes produits dangereux.

La pollution locale a des répercussions planétaires même si elle a sa source dans ma cour, dans mon jardin, dans mon évier.

Par contre, un comportement éthique envers l'eau est le résultat des gestes et des décisions de chaque citoyenne et de chaque citoyen de la Terre.

La sauvegarde de l'eau et des forêts comme patrimoine humain commence dans ma cour, et sa portée est universelle.

Terre à **terre**

Urbanité

Caractère de mesure humaine et de convivialité réservé ou donné à une ville.
Larousse

Gens des villes et des métropoles!
Habitantes et habitants des cités, vous êtes invités à la convivialité.

Votre défi en est un de taille pour habiter la Terre avec humanité et vos moyens sont gigantesques!

Place à la créativité!

- Pratiquer le vélo ou la marche.
- Utiliser le transport en commun : la pollution automobile est responsable de plus de 50 % des gaz à effets de serre.
- Louer une voiture à une entreprise solidaire qui offre un service d'auto-partage.

Voir Communauto
www.communauto.com

- Développer des liens avec le voisinage et participer aux fêtes interculturelles.

- S'informer des services offerts par les écoquartiers et les écocentres : sites de compostages, de jardins communautaires, cueillette de produits dangereux.

- Fréquenter les friperies est une bonne manière de désengorger nos sites d'enfouissements et de donner une autre vie aux vêtements et autres articles.

- Adopter un parc : si chaque personne contribue à la propreté des lieux qu'elle fréquente, les « brigades de la propreté » payées par nos taxes ne seront pas nécessaires.

- Cultiver des fleurs sur les balcons.

- Explorer la possibilité de construire ou de réparer les maisons et d'autres bâtiments en introduisant des principes de rénovation écologique. Il existe déjà des centres de matériaux récupérés et recyclés et des expériences de toits végétaux.

www.ecologieurbaine.net

Aucune armée ne peut arrêter une idée
dont le temps est venu.
Victor Hugo

UWIMANA, Suzanne

Cette Rwandaise a vécu la tourmente de la guerre civile et la tragédie du massacre d'un peuple par un autre. Depuis, nommée au ministère des Terres, de la Réinstallation et de la Protection de l'environnement, elle développe des projets visant la cohabitation pacifique des communautés entre elles et avec la nature.

UNION PAYSANNE

Au Québec, ce syndicat est composé de consommateurs et de différents acteurs du monde de l'agriculture. L'Union paysanne fait la promotion d'une agriculture biologique, à taille humaine et responsable de l'environnement.

www.unionpaysanne.com

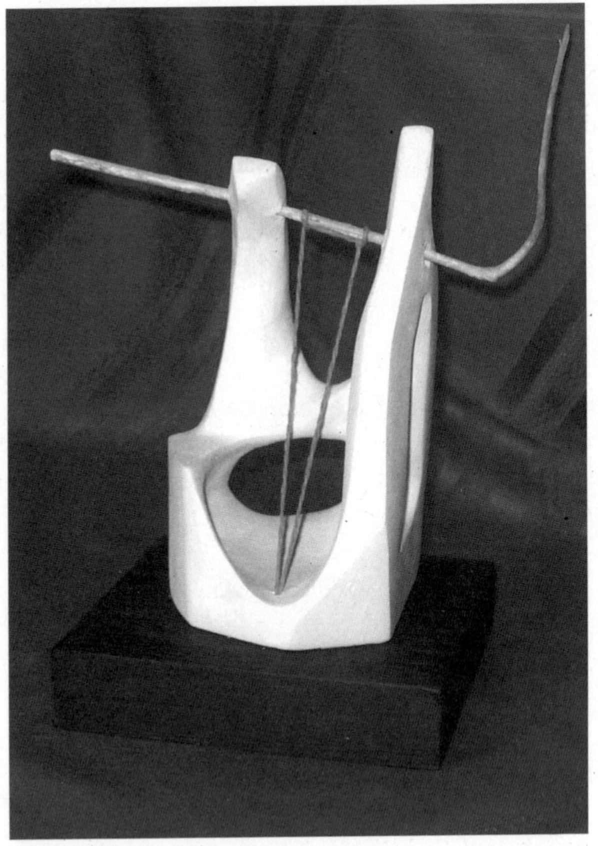

Reine Magnan, *Le puits,* argile.

Mots tendres pour **la terre**

Une grande dame... la vie!

La vie est une grande dame à apprivoiser
mystérieuse
dévoilant ses trésors aux cueilleurs d'étoiles
cachottière
révélant ses secrets aux amants du silence
généreuse
ouvrant sans réserve son sein aux affamés du monde
prolifique
offrant sans limite sa sève aux assoiffés d'infini.
fragile
se livrant intensément comme l'Amour
entêtée
cicatrisant chaque entaille
créative
réinventant sans cesse d'imprévisibles avenues
libre
ne se laissant capturer par rien ni personne

Une grande dame
au cœur d'enfant et de sage
aux yeux reflets d'étoiles et de neige
aux traits de brume et de mousses
aux accents de silence et de cascades
au langage de paix et de liberté.

Une grande dame
Elle aime prêter sa voix à l'oiseau et aux sources.
Elle soulève les marées et gonfle les semences.
Elle attise les ébats et les passions.
Elle inspire les combats en faveur de la dignité.
Elle vient, se livre et va son chemin.
Une bien grande dame… LA VIE!

« En vert » *et contre tout*

Pour la lettre **U**...

1

Notez les engagements déjà réalisés.

2

Quels objectifs voulez-vous atteindre dans...

la prochaine semaine?

le prochain mois?

la prochaine année?

Abécéterre

pour penser les relations entre les vivants de la Planète

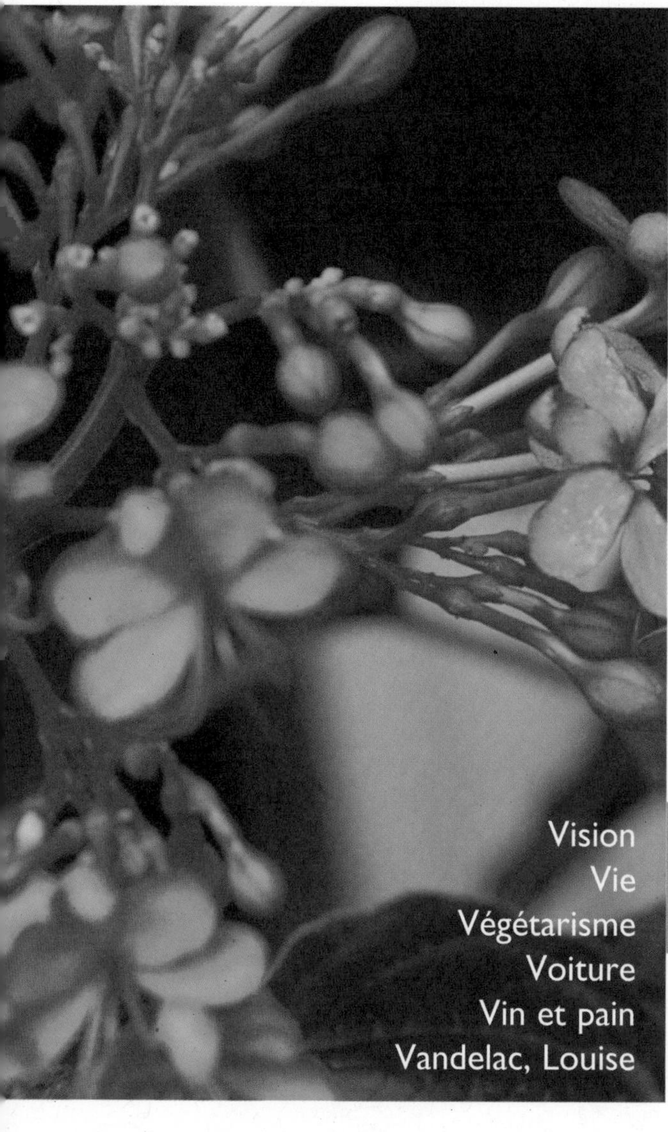

V

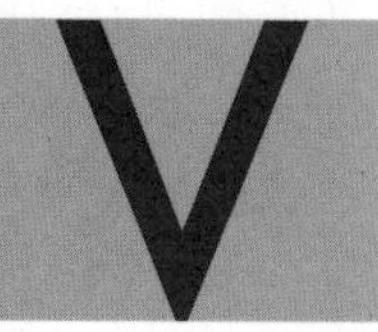

Mots pour penser **la planète**

Vision

Je rêve et je vois déjà
une famille reconstituée!
Dame Nature et les humains.

Les humains, doctorats ou pas
las de leur errance
conscients de leur décadence
assoiffes et affamés
reconnaissant leur insouciance
consentent à une nouvelle alliance
tendent la main à la Terre.

Dame Nature
émue, patiente
présente ses flancs
offre son ventre
ouvre ses veines.

Les humains et Dame Nature
retrouvailles
coups de foudre
Entrez, entrez dans la danse
faites un signe de révérence

On s'incline, on se fréquente
prêts à réapprendre

le b. a.-ba de la vie
la sagesse des lunes
la leçon de la Terre
et alors...

Le vent s'empare des éoliennes
balaie les résistances
illumine les nuits
v'là le bon vent
v'là le joli vent
la vie m'attend!

Les eaux se crèvent ici et là
fertilisent les parcelles abandonnées
par des barrages irraisonnés
fleuves et rigoles respirent d'aise
L'eau : c'est sacré.
Ah! la claire fontaine!

Les arbres surgissent de partout
les forêts se repeuplent
ils se liguent contre l'exode de l'humus
Chacun sa taille, sa place
Ils se relaient
pour rejoindre les enfants déracinés
Ils se relient
pour réanimer les femmes et les hommes débranchés

Nous n'irons plus au bois
pour abattre ou piller
Sur les feuilles qui sont tombées
nous écrirons des lois neuves
au bout de nos champs
Nous planterons des chênes

pour entraîner nos enfants
à en finir avec la haine.

Les fruits de la Terre
fécondés au compost
rivalisent en variétés
hauts en saveur et en couleur
Ils descendent d'une longue lignée
libérés des menaces brevetées
Ils assurent à nouveau santé et sécurité.
topinambour, salsifis, pâtisson
Le tournesol n'a pas besoin d'une boussole
pour se tourner vers l'essentiel

Avec les humains et Dame Nature
les fréquentations vont bon train
mais elle demeure sur ses gardes.
Eux!
Ils sont encore indisciplinés et souvent écervelés
ils apprennent toujours
ils n'auront jamais fini d'estimer
les mystères de leur Planète
leur garde-manger, leur pharmacie,
leur habitat, leur source vitale!

Ils sont interdépendants et liés pour la vie
ils se courtisent dans l'ordinaire
au lieu de convoiter le superflu
Ils se captivent pour leur beauté
au lieu de capturer des libertés
Ils se soudent dans l'équité
au lieu de soudoyer les ressources
Ils raffinent leur équilibre
au lieu de raviner la terre promise

Les humains et Dame Nature :
la grande séduction?
mariage de raison?
Famille reconstituée
toujours en gestation...

Une vision sans action demeure un rêve.
Une action sans vision équivaut à passer le temps.
Une vision avec action peut changer le monde.
Auteur inconnu

Vie

Méditation sur la vie

La vie en rose!
La vie d'artiste!
La belle vie!
Il y a différentes manières de voir la vie et de la vivre.

On peut suivre le cours de la vie,
comme on suit le cours de la bourse.
La surveiller, la soupeser, l'évaluer,
la critiquer, la blâmer
la calculer à l'aune du gain ou du profit
l'estimer en termes d'efficacité ou de rentabilité
passivement, réclamer d'elle plus de ceci
ou moins de cela,
l'accuser de passer trop vite ou trop lentement,
d'être cruelle, injuste ou quoi encore.
Subir la vie!
Pâtir la vie!

Ou bien suivre le cours de la vie…
comme on suit un cours ou une formation
en saisir la leçon, l'enseignement
apprendre d'elle, la cultiver, l'entretenir
se pratiquer à la rendre agréable pour soi et les autres
s'ajuster sans cesse à ce qu'elle nous propose
lui faire confiance
grandir un peu plus à chaque expérience
vivre en paix et en santé!

Aux personnes en mal de vivre, Hildegarde de Bingen,
cette apothicaire et guérisseuse de l'époque médiévale,
prescrivait des bains de verdure
en recommandant des séjours prolongés en forêt
ou dans les campagnes vertes d'Europe.

À quand remonte votre dernier bain de nature?

Terre à **terre**

Végétarisme

Opter progressivement pour le végétarisme comme moyen concret de combattre la pauvreté avec la conscience de poser un acte de solidarité.

- Notre mode d'alimentation met la planète entière dans une situation précaire.
- Notre alimentation carnivore basée en grande partie sur le bœuf, et à un degré moindre sur le porc et le poulet, est source d'inégalité entre les divers habitants de la terre.
- La production de bœuf nécessite 80 fois plus d'eau que celle de la pomme de terre ou de la banane.
- Quelque 80 % des cultures servent à nourrir les animaux d'élevage. L'élevage nécessite 50 fois plus de terrains cultivés que l'agriculture pour son équivalence en nourriture.
- Les terres de plus en plus traitées avec des produits chimiques s'appauvrissent.
- La couche d'humus est si mince qu'elle est épuisée en 5 ans et la désertification suit entre 2 et 3 ans plus tard.
- Dans les pays en voie de développement, ces pays du Sud souvent pillés par ceux du Nord, les terres cultivables sont

réquisitionnées pour l'élevage destiné aux pays riches, privant ainsi les populations pauvres de leur source de nourriture.

- À cela s'ajoute évidemment la pollution causée par l'énorme quantité d'énergie utilisée lors des différentes étapes de production, de réfrigération et de transport.

- Les aliments vendus ici ont en moyenne parcouru 2 400 kilomètres avant d'atterrir sur note table. D'autres problèmes complexes sont reliés à la surconsommation de viande : pollution de l'air, de l'eau, des sols, impact sur la santé humaine, disparition d'espèces animales et végétales, déforestation et désertification.

- Une solution simple qui se situe dans notre panier **d'épicerie** et à la portée de tout le monde consiste à réduire sa consommation de viande d'élevage de façon progressive mais continue.

- Une responsabilité sociale, une question de justice des peuples nantis envers les peuples exploités.

Selon le site du collectif OPUS HOMINI (Œuvre d'humains) :

http://libereterre.site.voila.fr/alimentation.htm/

Terre à **célébrer**

Voiture

Journée sans voiture : 22 septembre

Les services rendus par l'arrivée des voitures dans nos sociétés ne se comptent plus. Néanmoins, leur usage cause également des dégâts bien identifiés : le bruit, la pollution, les accidents de la route, etc.

Voici une invitation à examiner votre relation avec la voiture.

Prendre le temps de passer en revue l'utilisation que vous en faites en lien avec vos besoins réels.

Réfléchir à son impact environnemental et à ses conséquences sur la santé.

Envisager la possibilité de faire le plein avec de l'essence à base d'éthanol.

Compte tenu de votre vie professionnelle, du fait que vous habitiez la ville ou le milieu rural, quelles sont les alternatives qui s'offrent à vous?

Ce site pourrait vous surprendre quant aux différentes pistes possibles : www.at-sa.qc.ca

Un geste à la fois...
Couper le moteur de votre voiture dès que vous prévoyez être arrêté plus longtemps que trente secondes. Question d'économie d'essence donc de réduction d'émissions de gaz à effets de serre (CO_2).

Je suis cette force de feu suprême
qui envoie les étincelles de la vie.
La mort ne m'atteint pas, et pourtant je la permets,
donc je suis ceint de sagesse comme par des ailes.
Je suis cette essence vivante et ardente
de la substance divine
qui se répand dans la beauté des champs,
je brille dans l'eau,
je brûle dans le soleil et la lune et les étoiles.
J'ai la force mystérieuse du vent invisible.
Je soutiens le souffle de tout ce qui vit.
Je respire dans la verdure et dans les fleurs,
et lorsque les eaux coulent comme les choses vivantes,
c'est moi.

Vision d'Hildegarde de Bingen

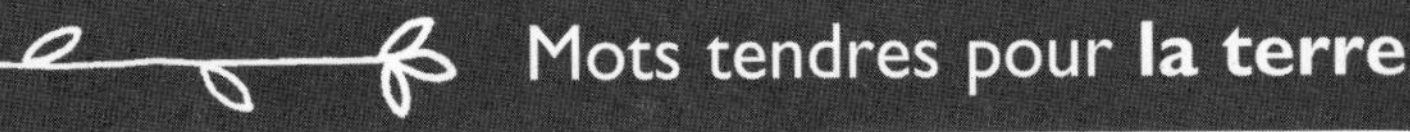

Mots tendres pour **la terre**

Vin et pain

Le pain et le vin

Le pain
le vin
des mots vieux comme les veines de la Terre
des mots jeunes comme le matin de la Planète

Le Pain
Faim. Mépris. Peine perdue!
Le vin
Aigreur. Outrage. Pas de veine!
La vie
La peur. La guerre. Âmes en peine!
La Terre
La Terre Mère. L'amertume. Terre à vendre!

Le vin
La danse. L'abondance.
Une promesse d'offrande
Le pain. Le festin. Le pardon.
Un murmure d'abandon

Le Pain
Le Vin

des mots pour penser la fête
une fête pour panser des maux

Au secours pour le pain!
Le blé pourrit. Les greniers sont pillés.
Se perd la mémoire du sillon fécondé.
Au secours pour le vin!
Le vin surit.
Les outres sont fissurées.
Déchante la passion.
S'éteint la sagesse du passé.

Au secours pour la vie!
La fête s'endeuille.
La joie se désole.
Mentent les maîtres du monde,
se lamentent les enfants de l'univers,
saignent les artères des plaines,
fermente la colère.
Gonfle à nouveau, le pain.
Vieillit sans relâche, le vin.

Le pain
Le vin
des mots toujours aussi forts
pour sceller encore une alliance
des mots assez puissants
pour signer une possible paix!

Une même passion pour la vie

VANDELAC, Louise

Cofondatrice et porte-parole d'Eau Secours, madame Vandelac est également une chercheuse passionnée et professeure à l'Institut des sciences de l'environnement à l'UQAM. Comme directrice du groupe de recherche Technosciences du vivant et sociétés, elle se démarque par sa vision intégrée de l'environnement et de la santé. Elle mise sur le principe d'écosociété par lequel chaque personne est responsable de la protection de son environnement pour relever le défi de sauver la Planète.

« En vert » et *contre tout*

Pour la lettre **V**...

1

Notez les engagements déjà réalisés.

2

Notez les changements opérés.

3

Quels sont vos nouveaux objectifs?

Abécéterre

pour penser les relations
entre les vivants de la Planète

W

Wow! quel espoir!
Voix
Watts et vieilles cartouches
Watt-Cloutier, Sheila
Waridel, Laure

Mots pour penser **la planète**

Wow! quel espoir!

- **Action mondiale contre la pauvreté**
  Plus de 50 pays ont lancé une campagne internationale qui appelle les dirigeants du monde entier à respecter leurs engagements pour éliminer la pauvreté.
  www.unmondesanspauvrete.org

- **L'ABAT**
  Une association qui lutte pour la sauvegarde de la forêt boréale.
  www.actionboreale.org

- **Les réseaux d'écovillages**
  Un écovillage est un milieu de vie où les gens décident de vivre en harmonie avec l'environnement et où les maisons et le mode de vie sont intégrés à la nature afin de réduire au minimum leur empreinte sur la Planète.
  www.eco-village.net

- **Peintures récupérées du Québec**
  Un pot de peinture recyclée coûte trois fois moins cher que de la neuve.
  www.ecopeinture.ca

- **SOS Vélo**
  Une entreprise montréalaise qui récupère les bicyclettes usagées et les retapent. L'entreprise

accueille près de 80 jeunes ayant des difficultés à intégrer le marché du travail et leur offre formation et vie d'équipe.
www.clic.net/velovert/

- ***Langues de feu***
  Langues de feu est une revue trimestrielle qui veut susciter une réflexion vivante et faire place à des perspectives nouvelles. La revue propose une vision globale qui tient compte de la complexité et de la beauté de l'Univers. Elle envisage la Vie dans toutes ses dimensions par le moyen d'une approche systémique et holistique et porte un regard nourri d'espoir à propos de l'Humanité.
  www.languesdefeu.org

- **Centre de spiritualité écologique Terre Sacrée**
  Le Centre de spiritualité écologique Terre sacrée est un lieu privilégié où les gens de tous milieux et de tous âges peuvent explorer la dimension sacrée de la Terre et l'interdépendance qui relie toute la Création.
  www.centreterresacree.org

Voix

VOIX DE FLEUVE, DE GIVRE ET DE FEU

Un fleuve qui s'élance en quête de mémoire
un fleuve qui défie les remous de l'histoire
un fleuve qui épie les brumes frileuses
un fleuve à guérir aux temps des terres assoiffées.

Du givre qui s'étale en éclats d'étoiles
du givre qui raconte à coups de plumes fines
du givre qui dessine les morsures du gel
du givre à instruire aux temps des passages.

Des flammes qui enlacent les écorces de l'être
des flammes qui dansent sur des accords inédits
des flammes qui rythment de folles amours
des flammes à vivre aux temps des renaissances.

Comment atteindre la Source
sans craindre le vide et le désert?
Fleuve, dis-moi!

Comment sculpter la Vie
sans craindre le silence et la solitude?
Givre, dis-moi!

Comment enfanter la Lumière
sans craindre la nuit et la froidure?
Feu, dis-moi!
Je suis de remous et de mousses.
Je suis fleuve!
Je suis de diamants et d'étoiles.
Je suis givre!
Je suis de rythmes et de danses.
Je suis feu!

Terre à **terre**

Watts et vieilles cartouches

- Rapporter vos cartouches d'imprimantes afin de les faire remplir plutôt que de les jeter.
- S'informer au sujet des entreprises qui recyclent également les vieux ordinateurs. www.microrecyccoop.org/
- Déposer vos piles usagées lors de la cueillette des déchets dangereux et opter pour des piles rechargeables. Les acides qu'elles contiennent provoquent des pollutions durables au plomb.

Un arbre qui tombe fait plus de bruit
qu'une forêt qui pousse.
Proverbe chinois

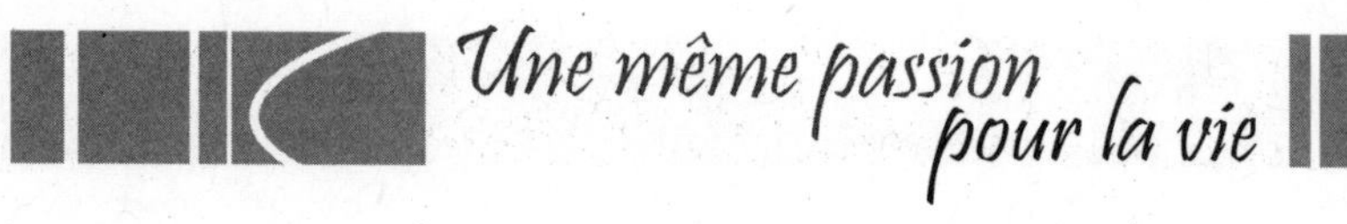

WATT-CLOUTIER, Sheila

Au Nunavut, cette Canadienne mène une croisade pour la protection des terres septentrionales. Présidente de la Conférence circumpolaire inuit, son premier combat vise les polluants organiques persistants retrouvés dans la chaîne alimentaire et le corps humain. Depuis 2004, elle sensibilise les autorités onusiennes sur une autre menace, le réchauffement climatique comme une violation des droits de l'Homme.

WARIDEL, Laure

Auteure de plusieurs ouvrages, dont *L'envers de l'assiette* qui informe et incite vers une autre façon de concevoir l'alimentation en lien avec les conséquences environnementales. Pionnière du commerce équitable au Québec, Laure Waridel est cofondatrice d'Équiterre, organisme voué à la promotion de l'écologie, de l'équité et de la justice sociale.

« En vert » et *contre tout*

Pour la lettre **W**...

1

Notez les engagements déjà réalisés.

2

Quels objectifs voulez-vous atteindre dans...

la prochaine semaine?

le prochain mois?

la prochaine année?

Abécéterre

pour penser les relations entre les vivants de la Planète

Xénophilie

Un X sur votre bulletin de vote

Monsieur ou madame X

Xylographie

Mots pour penser **la planète**

Xénophilie

Dans notre grand village planétaire, de plus en plus de peuples de cultures différentes se côtoient, travaillent dans les mêmes organismes et habitent les mêmes quartiers.

Quelle incroyable richesse!

Quelle variété de rituels et de coutumes!

Les peuples se retrouvent devant le gigantesque défi du multiculturalisme et de la cohabitation pacifique.

Il n'y a qu'un chemin pour la paix entre les peuples!

Un chemin à plusieurs voies :

- voir d'abord et avant tout l'autre comme une personne à part entière, la considérer avec dignité;
- poursuivre ensemble des buts communs;
- faire des ponts entre les personnes et les peuples;
- devenir des passerelles et faire des alliances.

La xénophilie est cette attitude d'ouverture et de sympathie envers les étrangers.

La tâche de restaurer nos rivières, de procurer de l'eau potable à tout le monde, d'assurer l'avenir de l'humanité est suffisamment gigantesque.

Toutes les énergies et les créativités sont requises pour y arriver à temps.

Nous sommes les enfants de l'Univers et nous avons en partage la même Terre, les mêmes eaux, les mêmes astres, les mêmes cieux!

Force-les de bâtir ensemble une tour
et tu les changeras en frères.
Mais si tu veux qu'ils se haïssent, jette-leur du grain.
Antoine de Saint-Exupéry

Terre à **terre**

Un X sur votre bulletin de vote

Les actions politiques et collectives sont essentielles pour des changements structurels.

Poser un de ces gestes politiques :
- En choisissant un candidat dont le programme électoral inclus l'environnement ;
- soit en parlant à votre député de vos préoccupations écologiques ;
- soit en écrivant au ministre de l'environnement afin de donner votre opinion sur l'une ou l'autre de ses positions.

Participer à une séance de votre conseil municipal et s'informer sur les plans d'aménagement du territoire ou de la gestion par bassin versant.

Signer les pétitions qui revendiquent le développement durable ou la protection d'un patrimoine local ou mondial.

Bassin versant

Un bassin versant est un territoire
dont les limites sont naturelles.
Chaque goutte d'eau qui tombe à l'intérieur
de ses limites atteindra, à la fin de son parcours,

...

la même porte de sortie vers le fleuve.
Il s'agit d'une vision globale de gestion des eaux.

Regroupement des bassins versant du Québec
www.robvq.qc.ca

Nous n'osons pas parce que c'est difficile
ou est-ce difficile parce que nous n'osons pas?
Sénèque

Une même passion pour la vie

MONSIEUR OU MADAME X

Cet espace est réservé à tous les citoyens et à toutes les citoyennes, bref à toutes les personnes de votre entourage qui posent les gestes nécessaires pour ajuster leurs habitudes en faveur de la vie.

Les inconnus,
grands et petits,
qui inlassablement mènent le même combat
pour le respect de la vie!

Pouvez-vous en nommer? De quelle nationalité sont-ils?

Dans votre liste d'amis, combien sont d'une origine autre que la vôtre?

> Nous ne sommes jamais les gardiens d'un accompli,
> mais toujours les créateurs d'un devenir.
> *Christiane Singer*

Reine Magnan, *Farandole,* argile.

 Mots tendres pour **la terre**

Xylographie

Xylographie
Ancienne technique d'impression de textes et de figures avec des planches gravées en relief; gravure ainsi obtenue.
Le Petit Robert

Xylographie,
afin de graver à jamais les mots
pour honorer les passages de l'humanité
et faire d'elle une passerelle entre les temps

PASSERELLE

Passée… elle!
Elle est passée dans l'ailleurs.
Elle est passée en suivant le cours de son cœur.
Elle a passé la porte et le mur et se retrouve dans le présent.
Son passé à elle est derrière.
Passé le temps où elle n'était pas assez elle.
Passé!

Passerelle
Trois fois passera, la dernière y restera!

Passée par la brèche invitante
de la clôture de perche.
Elle a saisi la perche tendue
et s'est retrouvée dans son mystère
s'est reconnue Lumière.
Coupés les ponts!
Son passé intégré, assumé, elle est passée à elle,
passée en elle.
Passée au présent!

Passerelle

Trois fois passera, la dernière y restera!
Trois fois plutôt qu'une.
Elle n'a jamais totalement fini de passer.
Par chance, car elle reste en vie
Et de plus en plus vivante à chaque passage.
À chaque tour,
elle respire des parfums insoupçonnés
s'embellit de nuances mystérieuses.

Passerelle, elle est devenue!
Elle se fait guide pour l'autre qui erre
se fait pont pour l'autre
qui est suspendu au bout de sa nuit
se fait ponceau pour l'autre qui a soif
offre un peu de sa lumière à l'autre
en quête d'aurore.

Trois fois passera tout au long de la vie.
La dernière y restera! Reconnue enfin...
sa véritable terre.

« En vert » et *contre tout*

Pour la lettre **X**...

1

Notez les engagements déjà réalisés.

2

Notez les changements opérés.

3

Quels sont vos nouveaux objectifs?

Abécéterre

pour penser les relations entre les vivants de la Planète

Youpi!
Yeux
Y aller sans laisser de traces
Yagari, Eulalia Gonzalez
Y trouver une présence

Youpi!

Youpi!
pour les innombrables initiatives pour panser la Planète
Youpi!
pour tous les personnes créatrices de la Maison-Terre
Youpi!
pour tous les prophètes et les visionnaires
Youpi!
pour tous les avant-gardistes et les inventeurs
Youpi!
pour les chercheuses et les bricoleurs
Youpi!
pour les chefs de file et les innovatrices
Youpi!
pour les intuitions suivies malgré les embûches.

L'entreprise Les petites mains
Youpi! pour leur idée d'associer la réinsertion sociale, le retour au travail, l'accompagnement des femmes immigrantes et la fabrication de sacs en toile à usages multiples.
www.petitesmains.com

L'entreprise québécoise Druide
Youpi! pour leur intuition d'allier écologie, efficacité et engagement par la production de produits de soins corporels écologiques depuis 1979.
www.druide.ca

L'entreprise des meubles verts TRIGGO associée à AMRAC
Youpi! pour leurs ateliers de réinsertion sociale.

Ils conçoivent et fabriquent des meubles constitués uniquement de matériaux respectant l'environnement notamment avec des panneaux de paille enduits de vernis à base végétale.
www.zedrecyclagedecoratif.com
www.amrac.org
Boutique Bois urbain,
situé au 4581 rue Saint-Denis, à Montréal. (tél. : 514-388-5338)

L'entreprise Les poupées Renée
Youpi! pour l'idée d'inventer des poupées entièrement écologiques fabriquées des pieds à la tête de matériaux naturels.
www.lemondederenee.com

La Fondation pour le style durable de Sean Schmidt
Youpi! pour l'intuition de lancer un site incitant les jeunes au style écologique en proposant divers produits :

- des guitares dont le bois proviennent de forêts gérées écologiquement;
- des vêtements confectionnés de chanvre;
- des t-shirts en coton bio ou en tissus faits de mélange de bambous et de cachemire.

www.sustainablestyle.org

110 000 ARBRES pour un seul homme
Youpi! pour la détermination de M. Paul-Émile Durand qui plante des arbres depuis plus de cinquante ans afin de contrer l'érosion. En créant une véritable forêt sur la terre familiale il a eu raison de l'envahissement du sable et sauvé la vie de son lac.

Et vous, qu'avez-vous conçu, inventé, concocté?

Yeux

LES YEUX DE LA PIERRE

Je suis la pierre
une pierre vivante.
Avec le temps, le vent et l'eau
me transforment en terre cultivable.

Pierre précieuse ou de construction,
je suis la solidité et la stabilité
des cathédrales et des mansardes.
Je symbolise le centre de l'être,
le noyau dur de la puissance personnelle.

...

Guide de silence, la pierre t'invite
à apprivoiser la solitude
à demeurer dans le chaos.
Dans la nuit, le temps élabore l
a solide plénitude des êtres.

Au pays des glaces,
nos sœurs les pierres s'érigent en sentinelles.
Les bras grands ouverts
et les pieds solidement ancrés,

elles deviennent inukshuks
et guident les pas des voyageurs.

Les pierres t'offrent de devenir toi-même une balise
pour les générations à venir
et ainsi de faire de ta vie une icône d'humanité.

Ne reste pas impuissant et découragé
devant la montagne que tu ne peux déplacer.
Mais dans la plaine où tu te trouves,
regarde ce qu'il t'est possible de changer.
Hildegarde de Bingen

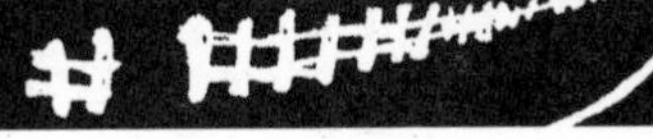

Terre à **terre**

Y aller sans laisser de traces

En devenant un peu des écotouristes partout où nos pieds se posent.

Lors de vos ballades en forêt ou dans un parc de votre ville, laisser les lieux tels que vous les avez trouvés ou mieux.

Rapporter tous vos déchets de pique-nique.

Rester dans les sentiers prévus pour vos activités afin de ne pas nuire aux animaux ou à la végétation environnante.

Écotourisme

Voyager écologiquement ou explorer la tendance écotouristique. Rechercher les gîtes, motels ou destination voyage qui affichent une préoccupation environnementale.

Par exemple :

Cooprena
Un regroupement de coopératives d'écotourisme du Costa Rica : www.turismoruralcr.com

Horizon cosmopolite
www.horizoncosmopolite.com

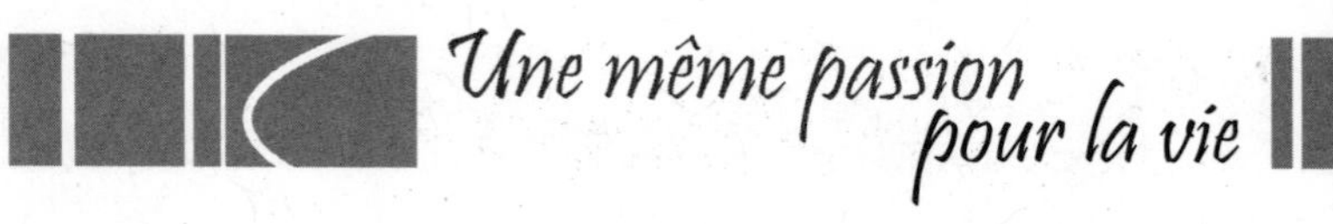

YAGARI, Eulalia Gonzalez

En Colombie, avec son peuple les indiens Embaras, Eulalia revendique les terres volées par de grands propriétaires pour la culture et l'exportation du café. Droit à la terre et respect des droits sont inséparables. Avec une association de femmes, elle a crée une zone indigène autonome.

Mots tendres pour **la terre**

Y trouver une présence

La présence

As-tu déjà flairé
comme... un souffle
s'emparer de ton inspiration
et la transfigurer en œuvre d'art?

As-tu déjà vu
comme... une lumière
surgir du fond de ton puits
et te propulser plus loin que ton désir?

As-tu déjà perçu
comme... une musique
bouleverser tes doutes
et te recréer jusqu'à la joie?

As-tu déjà goûté
comme... une tendresse
envahir toutes les fibres de ton être
et te ravir jusqu'à l'extase?

As-tu déjà entendu
comme... une lamentation

sourdre du creux de ta détresse
et changer ta plainte en contemplation?

As-tu déjà ressenti
comme... une braise
réanimer tes amours
et t'embraser jusqu'à l'incandescence?

Et... si c'était
tout simplement,
tout gracieusement
l'indicible présence?

« En vert » et *contre tout*

Pour la lettre **Y**...

1

Notez les engagements déjà réalisés.

2

Quels objectifs voulez-vous atteindre dans...

la prochaine semaine?

le prochain mois?

la prochaine année?

Abécéterre

pour penser les relations
entre les vivants de la Planète

Z

Mots pour penser **la planète**

Zoothérapie

Elles étaient deux
deux chattes aux personnalités diamétralement opposées
Charlotte et Capucine.
L'une âgée de seize ans,
grisonnante de tempérament et de pelage
casanière aux allures lentes et craintives
une farouche!
L'autre : une boule d'énergie
vive à mettre la patte sur tout ce qui existe
athlète habile à la chasse comme à la pêche : rien ne la brime.
Musaraigne, libellule, tamia rayé et même poisson
ont payé de leur vie la rencontre avec la bête.
Une créative tellement affectueuse!

Elles étaient deux
deux maîtres dont l'enseignement a bouleversé
le cours de mon existence
Charlotte se fit révélatrice de mes tendances pantouflardes,
de mes réticences à la fête.
Capucine a fait retentir le vibrant appel
à vivre dangereusement et à choisir l'inconnu.
Par mille et une espiègleries,
elle clamait la beauté de l'instant présent.

Elles étaient deux
deux êtres illustrant des chemins possibles :
s'empêtrer dans un refuge ou s'offrir à la lumière

se terrer ou risquer des passages à gué
de tapir avec ses blessures
ou créer sa route malgré ses cicatrices
mourir à petit feu dans la grisaille des sécurisantes habitudes
ou vivre les grandes chevauchées à dos d'arc-en-ciel.

Elles étaient deux
deux créatures dont la leçon m'a permis de choisir la beauté de la vie aujourd'hui
au lieu d'attendre des promesses d'avenir.

Elles étaient deux
deux guides qui ont été comme une intense signalisation à une croisée de chemins.

Charlotte et Capucine, merci de votre pouvoir de guérison.

Zéro déchet

Zone libre de déchets!

Zéro déchet est une démarche écosystémique qui inclut la protection de toutes les réserves vitales de la terre au sein des activités humaines.

Voici quelques aspects expérimentés par le professeur Villeneuve de l'université du Québec à Chicoutimi lors d'un colloque réunissant près de mille personnes.

- Servir les repas avec de la vaisselle durable et choisir des produits régionaux;
- Fournir une tasse durable à chacun des congressistes afin d'éliminer la mousse de polystyrène lors des pauses-café;
- Composter les matières putrescibles;
- Comptabiliser les émissions de gaz à effet de serre pour ensuite les compenser de manière à ce que le transport des congressistes ne cause pas d'impact sur le climat;
- Compenser les émissions de CO_2 (dioxyde de carbone) par une plantation d'épinettes noires en milieu boréal sur un territoire réputé improductif.

Appliquer des mesures de réduction à la source et de tri permet de minimiser les matières résiduelles résultant de nos activités et ainsi de réduire les coûts relatifs à l'organisation.

Écologique et économique

Lors d'une activité,
l'organisation Meeting Strategies Worldwide inc.
a remplacé l'eau en bouteille par
des contenants réutilisables et des distributeurs en vrac.
Cette simple démarche leur a économisé environ 15 000 $.

Selon le Convention Industry Council,
la réutilisation des cartons de table identificateurs
pour une activité comportant 1 300 participants
peut économiser 975 $ US.

Guide des réunions écologiques d'Environnement Canada,
Direction des affaires environnementales, septembre 2005

Site d'Environnement Canada : www.ec.gc.ca

Zéro déchet : www.dil.asso.fr/zerodechet/zero_concept.html

Terre à **terre**

Zieuter

pour du changement

- À qui pouvez-vous proposer ce concept lors d'un événement à votre agenda?
- Voir à organiser un concours de « boîtes à lunch » conçues à partir du principe Zéro déchet.
- Regarder comment passer des filtres à café en papier au filtre permanent. L'étape intermédiaire pourrait être l'achat de filtres non blanchis.

Zoologie

L'observation de la nature nous apprend la manière de transformer notre monde et nous amène à croire à la puissance de l'effet d'entraînement.

Une personne, si peu sociable soit-elle, est reliée à une centaine d'autres êtres humains.

Faites un rapide calcul de l'effet multiplicateur de votre prise de parole et de l'effet d'entraînement de vos habitudes écologiques.

Les grands renversements de situation sont toujours le fruit d'un ensemble de petits changements où chaque individu contribue à atteindre une masse critique comme en fait état la théorie du centième singe.

LA THÉORIE DU CENTIÈME SINGE

« Il est naturel de penser que pour changer le monde, il faut qu'au moins la moitié de la population, plus une personne, y consente.

Après tout, nous sommes en démocratie. Mais, et le centième singe est là pour nous le rappeler, les choses ne fonctionnent pas tout à fait ainsi.

En vérité, il n'est pas nécessaire que la moitié des gens soient prêts. Ce qui est important, c'est que la nécessité d'un changement fasse l'objet d'une prise de conscience d'un nombre suffisant de personnes.

Conscience et masse critique

L'histoire de ces singes lavant leur nourriture et dont l'exemple est imité par des congénères d'une île voisine sans qu'ils aient été en contact est remarquable. Elle souligne deux points capitaux qu'il nous serait utile de retenir pour notre avenir à court et à moyen terme.

Tout d'abord, pour qu'un tel changement soit possible, il ne suffit pas qu'un petit groupe adopte une attitude différente.

Il ne s'agit pas ici de la domination exercée par une minorité utilisant la force et la coercition, mais au contraire de l'accession d'un groupe à un niveau de conscience plus élevée.

Bien que le nombre exact peut varier, ce *phénomène du centième singe* signifie que lorsque seulement un nombre restreint de personnes apprend une nouvelle façon de faire, celle-ci peut devenir partie intégrante de la conscience de toute la communauté.

En effet, à un moment donné, si seulement une personne de plus se met à adopter cette nouvelle prise de conscience, son champ d'action s'étend de telle sorte que cette prise de conscience est adoptée par presque tout le monde! »

Ken Keyes Jr est l'auteur de *The Hundredth Monkey*. « Le centième singe » est l'histoire vraie d'une fable extraordinaire qui aujourd'hui résonne avec notre destin en tant qu'Humanité.

www.centiemesinge.com

Une même passion pour la vie

ZALABATA, Leonor

En Colombie, Leonor défend la tradition spirituelle des indiens Arhuacos, sa communauté.Elle veut sauvegarder la philosophie de son peuple, fondée sur l'idée que la Terre règle l'harmonie de la vie. « Tout ce qui n'est pas porté par l'esprit meurt. »

> Il ne sert à rien à l'homme de gagner la Lune
> s'il vient à perdre la Terre.
> *François Mauriac*

 Mots tendres pour **la terre**

Zoom sur la Terre

pour lui dédier un Hymne de reconnaissance

TERRE! MÈRE TERRE, MERCI!

Au fil des saisons, tu t'offres pour combler nos faims
par la fécondité de ton sol.
Au long des jours, tu étales sous nos yeux la beauté
des fleurs aux mille coloris
et tu nous enivres de tes parfums.
Au rythme du temps, tu nous enchantes
par les hymnes mélodieux des oiseaux,
les murmures du vent
et la romance des insectes.

TERRE! MÈRE TERRE, MERCI!

Au fil des saisons, tu nous appelles à l'infini
et au silence par les mystérieuses profondeurs
des cieux et des océans.
Au long des jours, tu nous incites à la résistance
par la force des glaces et la ténacité des froidures.
Au rythme du temps, tu nous enseignes
la solidarité et la non-violence
par la manière de lutter pour la vie
chez une multitude d'espèces.

TERRE! MÈRE TERRE, MERCI!

Au fil des saisons, tu nous appelles
à la stabilité et à la force
par la solidité des montagnes
et la puissance des grands éléments.
Au long des jours, tu nous invites à la souplesse
par la flexibilité des herbes et des roseaux.
Au rythme du temps, tu nous apprends la tolérance
par la cohabitation pacifique
des espèces les plus variées.

TERRE! MÈRE TERRE, MERCI!

Au fil des saisons, tu nous interpelles
à la joie par la musique des ruisseaux
et à la fantaisie par les jeux
de l'ombre et de la lumière.
Au long des jours, tu nous éduques
à l'amour universel par l'exemple
du commensalisme des bêtes et des plantes.
Au rythme du temps, tu nous rappelles
l'importance d'afficher nos couleurs
et de prendre position
à l'exemple des grands luminaires.

TERRE! MÈRE TERRE, MERCI!

« En vert » et contre tout

Pour la lettre **Z**...

1 **Notez les engagements déjà réalisés.**

2 **Notez les changements opérés.**

3 **Quels sont vos nouveaux objectifs?**

Épilogue

Lettre de reconnaissance aux Terriens et Terriennes des années 2000

Quelque part au Québec
Printemps 2050

Les outardes jacassent gaiement au-dessus de nos têtes, et ce, sans être taxées d'être porteuses du virus de la grippe aviaire. Les érables offrent à nouveau leur sang et le fleuve charrie des eaux plus vives d'année en année! En cette saison de renaissance, un chant de reconnaissance nous habite en contemplant nos terres.

Il y a près de cinquante ans, à l'époque où vous viviez, les plus sombres prédictions pesaient sur notre existence. Les menaces toutes aussi terrifiantes les unes que les autres ne se comptaient plus. Une grande question vous hantait : quel héritage laisserons-nous aux générations futures? L'eau, l'air, les sols, les forêts, les glaciers, la flore, la faune étaient en danger : l'avenir de l'Humanité était en péril.

Et voilà que cinq décennies plus tard, nous voulons témoigner de l'espoir de nouveau au rendez-vous avec la survie sur la Planète.

Nous voudrions vous exprimer notre gratitude pour tous les efforts consentis par vos générations. Nous sommes conscients de ce qu'il a dû vous en coûter pour changer vos habitudes de consommation, vos relations avec les animaux et la forêt, pour ajuster votre mode de vie énergivore et cesser vos rejets toxiques et mortifères dans l'air et dans l'eau.

Bien que vous sachiez que vous ne verriez pas de votre vivant les améliorations de la qualité de l'eau ni de l'air, vous avez courageusement pris vos responsabilités envers l'environnement en vous souciant de nous.

Bien sûr, la partie est loin d'être gagnée, mais vous avez suffisamment tenu le coup, envers et contre tout, au point qu'il nous est possible de prendre le relai à notre tour. Les défis ne manquent pas. Nous ne cessons de découvrir des cimetières de canettes et de plastique et nous savons qu'ils sont là pour y rester encore des décennies. La couche d'ozone, quant à elle, ne se refait qu'imperceptiblement, mais la santé de nos enfants est moins fragile. Les gaz à effet de serre continuent leurs ravages si longtemps après la fin de leur émission.

Il nous reste tant et tant de fissures à réparer et de brèches à colmater dans la chair lacérée de notre chère Mère Terre. Mais nous croyons que la vie est puissante.

Merci pour tous les gestes individuels posés, et ce, malgré les railleries de votre entourage incrédule et défaitiste.

Merci d'avoir planté des arbres, dénoncé la déforestation et pris soin de l'eau! Vous avez corroboré les convictions de David Suzuki qui disait :

Partout sur la Planète,
les forêts renouvellent sans cesse les réserves d'eau douce
et jouent un rôle clé dans le climat

Merci pour les pressions et les luttes menées par vos diverses coalitions. Nous savons l'exigence d'une telle mobilisation alors que vous étiez confrontés à l'individualisme et à l'inertie. Merci pour votre foi en l'impossible!

Merci d'avoir choisi de faire partie de la solution plutôt que de contribuer aux problèmes environnementaux de votre époque.

Au nom de nos enfants et de nos petits-enfants ~ les Audrey, Manuel, Alice, Marie-Jeanne, Louis, Charlotte, Mégane, Clémence, Noah et tous les autres ~ merci de nous avoir laissé une terre viable en héritage.

Une mère reconnaissante

P-.S. : Notre petite ferme familiale, avec son jardin et ses élevages complètement biologiques, nous assure une magnifique santé. Notre sécurité alimentaire est donc assurée. Le commerce équitable est si bien établi dans la région que nous sommes en totale autonomie pour tous nos besoins.

Nous sommes heureux d'habiter la Terre! Nous ne cessons de l'honorer et de la supplier de nous attendre encore.

Nous poursuivons la vigie pour la suite du Monde.

Note de l'auteure

Puisse cette lettre être un jour autre chose qu'une fiction.

Que la réalité vécue par les générations à venir soit une bénédiction et un hommage à notre courage d'habiter la Terre, au jour le jour, avec dignité.

Je reviens d'une visite au jeune hêtre fauché qui a inspiré ce livre. À ma grande surprise le tronc principal a donné naissance à d'autres rameaux et l'arbre est toujours en pleine croissance! La vie est tellement surprenante. Et s'il en était ainsi pour la guérison de l'ensemble de la planète?

> Tu veux un monde meilleur, plus fraternel, plus juste?
> Eh bien! commence à le faire : qui t'en empêche?
> Fais-le en toi et autour de toi,
> fais-le avec ceux et celles qui le veulent.
> Fais-le en petit et il grandira.
> *Carl Gustav Jung*

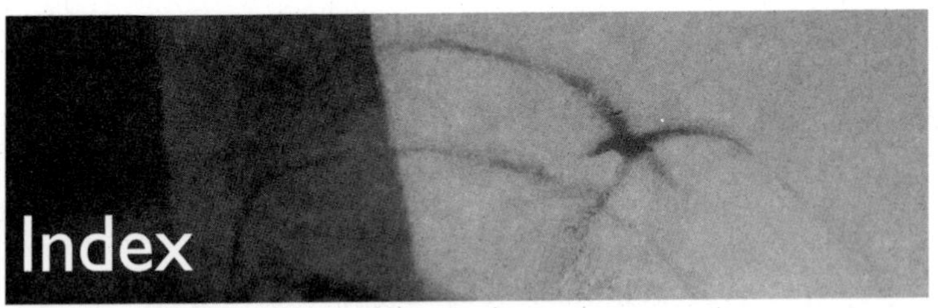

1. Apparaissent en italiques les astuces écologiques et les rubriques « Terre à terre » qui présentent des idées d'actions concrètes.

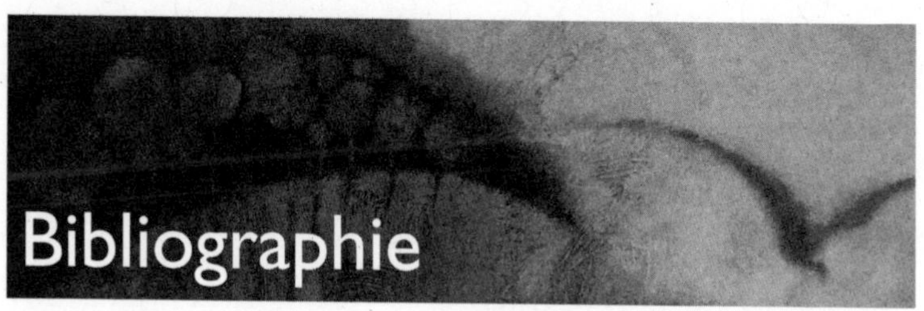

REVUES qui ont inspiré ma démarche

Aube Revue sur le développement durable et alternatif de vie, Équinoxe, numéro deux.

Géo magazine, mai 2004.

Châtelaine, novembre 2004.

Recto verso, mai-juin 2002.

PROTÉGEZ-VOUS, *Guide du consommateur responsable Le pouvoir de nos choix*, Québec, avril 2004

PROTÉGEZ-VOUS, *Guide d'achat : Eau embouteillée*, Québec, Août 2004

RND « Pourquoi pas? Choisir de simplifier sa vie », mars 2000

Le Guide ressource, janvier 2005

Québec Science, « Objectif Terre », juin 2002

LIVRES qui ont alimenté ma recherche

The Earth Works Group, *50 façons de sauver la planète*, Québec, Éd. Berger, 1989, 112 p.

BOUTTIER-GUÉRIVE, Gaëlle et Thierry THOUVENOT, *Planète Attitude : Les gestes écologiques au quotidien*, Paris, Seuil et WWF, 2004, 136 p.

WARIDEL, Laure, *L'Envers de l'Assiette et quelques idées pour la remettre à l'endroit*, Montréal, Éd. Ecosociété et Environnement Jeunesse, 2003, 173 p.

MAGNAN, Reine, *Vers une spiritualité de la Création*, Édité à compte d'auteure, 2001, 64 p.

MONGEAU, Serge, *La simplicité volontaire, plus que jamais*, Montréal, Éd. Écosociété, 1998, 264 p.

REEVES, Hubert (avec Frédéric LENOIR), *Mal de terre*, Paris, Seuil, 2003, 260 p.

FOX, Matthew, *La grâce originelle*, Montréal/Paris, Bellarmin/Desclée de Brouwer, 1995, 415 p.

SUZUKI, David (en collaboration avec Amanda McConnell), *L'Équilibre sacré Redécouvrir sa place dans la nature*, Montréal, Fides, 2001, 301 p.

SUZUKI, David et Wayne GRADY, *L'Arbre, une vie*, Montréal, Boréal, 2005, 257 p.

Guide des réunions écologiques d'Environnement Canada, Direction des affaires environnementales, septembre 2005, 52 p.

Mieux vivre avec son environnement, collaboration Gouvernement du Québec, du Canada et assurance vie Desjardins, 1990, 389 p.

Remerciements

Elles sont tellement nombreuses les personnes qui m'ont inspirées! Elles sont philosophes, savants, écrivains, journalistes, poètes, chantres ou tout simplement des personnes engagées au quotidien à changer le monde par leurs mots et par leurs exemples.

Merci chaleureux à Ghislain Bédard pour la révision linguistique. À Rose-Lise Côté, un merci pour la correction d'épreuve. À Louise Lefebvre, une immense reconnaissance pour la patience, le temps et le respect de ma démarche créative. Le titre et l'illustration de ce livre sont une gracieuseté de cette artiste de talent.

Merci!

Achevé d'imprimer en novembre 2007
sur les presses de l'imprimerie Gauvin,
Gatineau, Québec